服务三农·农产品深加工

南果北种技术

张天柱　主编

中国轻工业出版社

图书在版编目（CIP）数据

南果北种技术/张天柱主编. —北京：中国轻工业出版社，2019. 1

（服务三农·农产品深加工技术丛书）

ISBN 978 - 7 - 5184 - 0864 - 1

Ⅰ. ①南…　Ⅱ. ①张…　Ⅲ. ①果树园艺　Ⅳ. ①S66

中国版本图书馆 CIP 数据核字（2016）第 057641 号

责任编辑：伊双双

策划编辑：伊双双　　责任终审：劳国强　　封面设计：锋尚设计

版式设计：宋振全　　责任校对：晋　洁　　责任监印：张　可

出版发行：中国轻工业出版社（北京东长安街 6 号，邮编：100740）

印　　刷：三河市万龙印装有限公司

经　　销：各地新华书店

版　　次：2019 年 1 月第 1 版第 3 次印刷

开　　本：720 × 1000　　1/16　　印张：7. 5

字　　数：160 千字　　插页：4

书　　号：ISBN 978 - 7 - 5184 - 0864 - 1　　定价：24. 00 元

邮购电话：010 - 65241695

发行电话：010 - 85119835　传真：85113293

网　　址：http：//www. chlip. com. cn

Email：club@ chlip. com. cn

如发现图书残缺请与我社邮购联系调换

190007K1C103ZBW

《南果北种技术》编委会

主　　编：张天柱

编写人员：郝天民　陈小文　罗茂珍
刘彩霞　刘鲁江　郭　芳
郭瑞琦　魏　薇　梁　胜

顾　　问：吴卫华

前　言

PREFACE

南果北种，顾名思义，即指将我国南方热带、亚热带地区的果树，通过一定的农业设施在北方进行栽培，使之能够正常生长发育并形成产量。它不仅能够成为城郊农民通过种植特果致富的一条途径，还是都市型现代化农业和郊区观光旅游农业的一个新亮点，还将促进北方水果市场不断丰富品种，提高品质。

南果北种在我国仅仅有十几年的历史，随着我国现代都市农业、观光旅游农业的快速发展，南果北种已经成为人们休闲、观光、旅游和采摘的新亮点，也必将成为一些地区农民致富的新兴产业。

目前我国进行的南果北种工作，具有一定的开创性和先进性，为北方的设施农业提供了一条新的种植致富途径，使新兴的都市型现代农业迈上了一个新台阶。

为此，我们在总结几年南果北种生产实践经验的基础上，参考相关文献和资料，编写了这本《南果北种技术》，旨在为各地都市农业园区、现代观光农业园区的建设者以及南果北种的生产者提供一些理论上的支撑和技术上的帮助，使我国南果北种技术这一现代农业项目越做越大，越做越强。

由于我们水平有限，时间仓促，书中错漏之处在所难免，希望广大读者不吝斧正。

编者

2016. 5

目　录

CONTENTS

第一章　南果北种概况

一、南果北种的概念

“南果北种”是指将我国南方热带、亚热带地区的果树，通过一定的设施在北方进行栽培，使之能够正常的生长发育并形成产量。

二、南果北种的意义

利用北方的农业保护设施进行“南果北种”，能否成功及其得与失历来是我国果树界争论的焦点之一。随着近十多年来我国都市农业的发展，南果北种有了坚实的科技支撑和较高的市场需求。南果北种不仅为城郊农民提供了一条种植特果致富的途径，也成为都市型现代化农业和郊区观光旅游农业的一个新亮点，还将促进北方水果品种不断丰富和品质不断提高。

1. 能够提高果品质量和风味

北方气候干燥、昼夜温差大，光照条件好，在南方果树引种成功后能够提高果品的含糖量和产量，而且由于种植土质的改变，很多品种的风味也得到了改善。

2. 一年内能够多次开花结果

因为南方果树的花芽分化过程不需要或只需很少的低温，所以大部分南果能够连续开花结果，花期与采收期重合，采果期很长。相对于传统的北方果树，更适宜发展成为观赏、采摘作物，使游人可以同时观花、采果，如番木瓜、番石榴、柠檬、台湾青枣等。

3. 丰富了我国北方农业生产的品种

实施南果北种能够使北方人在家门口看到、摘到南方水果。不仅丰富了农业生产的品种，而且让北方人学到了南方果树的栽培技术，对于中小学生的农业科普教育也具有很大意义。

4. 成为农民科技致富的一条途径

南果北种技术的成功和推广，已经成为都市城郊发展观光旅游的农户的一条致富途径。

三、南果北种的研究进展和现状

南果北种技术的提出始于20世纪90年代，当时北方设施农业的兴起为冬季蔬菜生产提供了环境保障，也促进了南方特色蔬菜品种的引进与试种。北京市农业技术推广站提出了利用北方温室的光热资源种植热带、亚热带水果的想法。1999年，北京市农业技术推广站首次引进“园优一号”番木瓜，在昌平区小汤山镇、通州区城关镇、房山区葫芦垡乡三地进行试种，经过3年的试种研究，于2002年在北京小汤山种植成功。此后，北京市农业技术推广站于2003年又引进了火龙果、莲雾、杨桃、台湾青枣和芒果进行试种；2004年继续引进南方水果番石榴、番荔枝、菠萝、西番莲及台湾青枣；2005年引进龙眼、荔枝、人参果、蛋黄果等。随着南果北种技术的逐渐成熟，经过不断地引进试栽品种并进行研究，到2011年，引进的大部分南方果树已经能够在北方结果，经济产量可观。

随着我国现代都市农业、观光旅游农业的快速发展，南果北种为人们的休闲、观光、旅游和采摘提供了新的亮点，同时丰富了在北方适时成熟的南方水果品种。2008年，在北京市农业委员会的支持下，北京市农业技术推广站在全市范围内开展了技术推广，率先在大兴、通州、昌平等地建立南果北种的高标准示范园区。近几年，我国北方一大批现代农业园区，把南果北种作为一个亮点项目，使南果北种这一技术迅速推广开来。

目前引种的柠檬、番木瓜、番石榴、西番莲、菠萝、番荔枝、台湾青枣、杨桃、莲雾、火龙果和枇杷共11个果品种类，已经能够在北方的温室内正常开花结果，其中柠檬、番木瓜、番石榴已经可以实现四季开花、周年供应。目前已经系统研究出了番木瓜的北方适宜品种，育苗、栽培方式，施肥、植保和矮化措施等高产栽培技术，还总结出了把青木瓜作为蔬菜食用的配套方法；柠檬和番石榴的适宜栽培品种、嫁接育苗技术和矮化周年供应技术已经确定，目前正在开发叶和果的综合利用方法。对于西番莲、菠萝、番荔枝、台湾青枣、杨桃、莲雾、火龙果和枇杷的品种选择和配套整枝打杈方法、土壤改良、水肥措施、植保技术等管理要点已基本成熟，品种的长季节甚至周年供应栽培技术还在研究中。黄皮、荔枝、龙眼、芒果和蛋黄果等虽然能在北方成活，但因为生育期和病虫害、土壤、水肥、温湿度或光照等管理问题，尚未探索出一整套开花结果技术。

四、南果北种的设施发展

南果北种取得了较大的成功，其首要前提是温室设施的应用，目前采用的主要有连栋温室和日光温室两种形式。

（一）现代连栋温室

现代连栋温室，环境基本不受自然气候的影响，可自动化调控，能全天候进行园艺作物生产，是园艺设施的高级类型。连栋温室外形美观，结构稳定，气密性好，内部采光面积大，室内光照均匀，透光率高，利用率高。通过天窗、后侧窗、风机、湿帘、内遮阳保温系统、外遮阳降温系统等措施来调节植物所需的环境条件，具有前期一次性投入高、内部生产使用费用高、土地利用率高、光能利用率高等特点，但主体骨架可以使用20年以上。

连栋温室可以在气候不利于甚至不能使作物生长的地方和时期，进行农业生产，主要用于高附加值的园艺作物生产，如喜温茄果类蔬菜、切花、盆栽观赏植物、观赏树木、育苗、南方果树种植等。当作物露地也能生产时，温室则可保护作物免受大风、暴雨、冰雹等自然灾害的伤害。在生产方式上，连栋温室基本全部实现了环境控制自动化，生产工艺程序化和标准化，生产管理机械化、集约化。北方冬天使用必须有供暖条件。

连栋温室有许多优点，但也存在着在我国北方地区运行成本高的问题，必须注意建造地的温度变化情况，以确定建造玻璃式或塑料薄膜式联栋，为后期的生产做好充分的准备工作。

（二）日光温室

日光温室是节能日光温室的简称，又称暖棚，是我国北方地区独有的一种温室类型，具有保温效果好、节能、采光好、造价低等优点，适合我国经济欠发达的农村使用。日光温室主体使用年限可达20年以上。

日光温室充分利用太阳能升温，通过上、下风口进行降温；通过保温被进行冬季保温，附加临时性加温设施应对极端天气，在不适宜植物生长的季节，能提供适宜的温度以保证植物的正常生长、发育，多用于低温季节喜温蔬菜、花卉、林木等植物的栽培、育苗，以及南方果树的种植和产出水果。当喜温蔬菜、花卉、林木等露地也能生产时，温室则可保护其免受大风、暴雨、冰雹等自然灾害的伤害。日光温室一年四季均可进行南方果树的栽培，是发展高产、优质、高效农业的有效措施之一。

五、南果北种的发展前景

南果北种技术的成功推广，得益于当前都市型现代农业发展的大环境。随着市民观光休闲需求的增加，农业观光采摘产业发展迅速。与传统的北方果树以及蔬菜等作物的观光采摘相比，温室种植的南方水果具有景观效果好、采摘期限长、经济效益高等优势。

南果北种具有一定的开创性和先进性，提高了农业生产技术水平，打破了人们原有的地域生产种植界线，是一种农业生产理念的创新，已成为新兴观光农业的发展方向。同时，南果北种为北方的设施农业提供了一条种植特果的致富途径，已成为设施农业新兴的发展模式，今后将会带动更多新、特、优“南果”在北方种植，使新兴的都市型现代化农业迈上一个新的台阶。

六、南果北种今后的研究方向

1. 品种的引进和筛选

目前搜集并引进种植的南方水果种类和品种偏少，今后应通过建立品种引进筛选基地，形成常规性的品种引进筛选机制。在各个筛选基地，对引进的品种进行品种比较试验和各品种对北方设施、气候、土质适应性试验，从中筛选出适宜北方保护设施内栽培的优良品种。

2. 栽培土壤的改良

北方绝大多数土壤和水质碱性较强，而且土壤中的成分也与南方不同。由于南方水果大多生长在酸或微酸性的土壤环境中，因此，试验选择适宜的土壤改良方式、方法已成为保证南果北种成功的一项不可或缺的工作。

3. 矮化高产栽培技术

大多数南方水果植株较高大，不宜在普通的日光温室中正常栽培。因此，要研究植株矮化高产栽培技术，包括引进小株型品种、适度喷施控制生长药物、合理的整形剪枝等。

4. 高产优质无公害配套栽培技术

针对大部分“南果”生长需要较高温度和湿度的特点，需要根据北方温室结构、温度、湿度的变化规律，研究不同温室设施的加温和保温措施，不同季节和品种的整枝修剪方法，浇水、施肥和控制温湿度技术以及相应的植保技术等，以满足“南果”的正常生长发育要求。在技术研究成功后还要总结制定出成套的栽培技术规范。

第二章　南果北种技术

第一节　火龙果

火龙果（*Hylocereus undulatus* Britt）又名神龙果、仙蜜果，属仙人掌科蔓性多年生果树，原产于中美洲的热带地区。火龙果具有良好的保健功能，近年来在福建、海南、广东和广西等地得到发展，在云南、贵州高海拔山区也有引种栽培，在北方也进行了南果北种的探索。

一、品种

依据果肉颜色，火龙果有红皮白肉、红皮红肉、黄皮白肉三大类。在中国台湾，红肉火龙果有莲花红龙、尊龙、玫瑰红龙、祥龙、香龙、珠龙、天龙等品种。白肉品种多称白蜜、仙蜜果、白肉火龙果。目前常见的火龙果品种如下。

紫水晶：红肉火龙果，花橙红色，果型美观，口感爽甜，糖度达到20℃以上，为目前最香甜的品种。

巨龙果：这个品种的枝条粗大，表皮布满粉状物，生长速度快，果实超大，平均达750g以上，为特大型品种。

红绣球：特点是果形靓丽、果皮艳丽，因形似红绣球而得名。果肉甜，果苗蜡质厚，耐寒。

金麒麟：黄皮红肉品种，枝条纤细，能自花授粉，果皮金黄色，果形较小，是目前市场上少有的新品种。

黑龙果：枝条刺少，生长速度快，自花授粉，花和果实呈黑色，成熟后转暗红色，果皮薄而光滑，皮上鳞片少而短，耐装运。

红水晶：红皮红肉型，枝条有粉状物，耐寒，能提早开花，果实呈圆形，肉呈水晶红色。

白水晶：红皮白肉型，枝条粗壮，生长速度快，极耐寒，能自花授粉，果型大，单果重达1000g，产量高，果肉呈水晶白色。

二、种植条件

火龙果适应性较强，喜光耐阴、耐热耐旱、喜肥耐瘠，在温暖湿润、光线充足的环境下生长迅速。火龙果栽培技术简单。

1. 温度

火龙果喜温暖，最佳生长温度为20～30℃，年最低温高于5℃的地方均可露天种植，较大的昼夜温差有利于养分的积累。

2. 光照

火龙果喜光但也较耐阴，充足的光照可使植株强壮，多孕蕾，反之可导致植株徒长。

3. 土壤

火龙果对土壤的适应性很强，在平地、水田、山坡或旱地中均可栽培，但以选择疏松透气、排水良好、保水保湿性强、富含有机质的壤土为好，土壤pH 6～7为宜。火龙果在肥沃、排水良好的中性或微酸性砂红壤或壤土中生长良好，根多强壮，生命力极其旺盛。

三、繁殖方法

火龙果主要采用扦插或嫁接法繁殖。

1. 扦插

以春季最宜。插条选生长充实的茎节，截成长15cm的小段，待伤口风干后插入沙床，15～30d即可生根，根长到3～4cm时便可移植入苗床。

2. 嫁接

选择无病虫害、生长健壮、茎肉饱满的砧木，于晴天进行。将火龙果茎用刀切平面，将接穗插入，对准形成层，用棉线绑牢固定，在28～30℃条件下，4～5d伤口接合面即有大量愈伤组织形成，接穗与砧木颜色接近，说明二者维管束已愈合，嫁接成功，而后可移进假植苗床继续培育。

3. 育苗

育苗床宜选通风向阳、土壤肥沃、排灌方便的田块，整细作畦，连畦带沟宽90cm，每667m^2施腐熟鸡粪或牛粪1500～2000kg，掺入谷壳灰1000kg，充分搅匀，在整地时施于畦面以下10～20cm的表土层；其后再施100～150kg钙镁磷肥，用锄头充分搅拌，施于4～5cm深的表土层中。然后把小苗按株行距3cm×3cm种于苗床，浇透水，并喷洒500倍多菌灵1次，每隔10～15d施复合肥5～7kg，长出第一节茎肉饱满的茎段时即可出圃。

四、栽培管理

1. 棚室选择

火龙果不耐霜冻，冬季在低于0℃的地区需采用日光温室种植。日光温室一般采用聚乙烯无滴膜作棚膜，用以提高光能利用率。寒冷地区棚内设保温设施，棚外覆盖防寒被，保证冬季室内温度。

2. 种植方式

火龙果种植方式多种多样，可以爬墙种植，也可以架式、柱式栽培，其中架式和柱式栽培最为普遍，生产成本低，效益好，生产上采用的较多。

架式栽培采用 PVC 管材、竹竿、木材等搭成“井”字架，架高 1.5m，架间距 2m，架宽 1m，架下垄面定植植株，株距 60cm，行距 100cm。

立柱式栽培即所谓的柱式栽培，是立起一根水泥柱或木柱，立柱高度 1.6m、行距 2m、柱间距 1.5m，在柱的周围种 3～4 株火龙果苗，让其植株沿着立柱向上生长。在柱顶部用 10 号铁丝做成空间网，用以吊挂固定果枝。

3. 定植

每 667m^2土地可树立 100～110 根柱子，株行距 1.5m×2m，按每柱 4 株果苗计算，667m^2可种植 750 株左右。火龙果一年四季均可种植，4—5 月定植最佳。

每 667m^2施有机肥 4000kg、过磷酸钙 100～150kg，深耕耙匀。畦面宽 1.4m，两畦间预留 40cm 间隙做 20cm 深的沟，将沟内土均匀撒在畦面上，使畦面中间高两肩低。

按株距 60cm、行距 100cm 的要求定植。因火龙果根系透气性强，故不可深植（大约深 3cm 为宜）。种植初期应保持土壤湿润，否则不利于其生长。

4. 田间栽培管理

（1）养分管理　火龙果为多年生植物，每年都要重施有机肥，均衡施用氮磷钾复合肥，营养生长期以氮肥为主，进入花果期应以磷钾肥为主。在春秋两季的旺长期，每隔 15 天施 1 次以氮素为主的复合肥；夏季高温期植株进入半休眠状态，应暂停施肥；秋后天气转凉，植株生理活动缓慢，仅可施以稀薄肥水；冬季植株处于冬眠状态，要停止施肥。

生长季节，追肥原则以薄肥勤施为主，根据植株长势追肥 1～2 次。氮、磷、钾肥的比例为 1∶0.5∶0.7，每株追肥 0.5kg。开花结果期追肥，氮、磷、钾肥的比例为 0.5∶1.0∶1.5，每株追肥 0.5～0.6kg。

此外，还要进行根外施肥，用来补充微量元素，提高植株抗病能力与开花坐果率。营养生长季节用0.1%～0.2%的磷酸二氢钾加0.1%尿素；开花季节用0.2%～0.3%磷酸二氢钾加0.1%尿素和0.2%硼锌肥，进行叶面喷肥。

（2）水分管理　火龙果植株耐旱能力强，空气湿度保持在60%～70%为最佳。田间浇水的次数与量依不同生长季节而定，一般春天植株生长缓慢，水分消耗少，应少浇水；春夏交错季节，光照充足，蒸发量大，此时应适当多浇些水；盛夏阳光强烈，气温高，植株会出现短时休眠，亦应少浇水，同时加盖遮阳网降温，并注意排涝；秋天来临，气温适宜，加之昼夜温差大，植株生长快，应适当多浇水。浇水以早晨或傍晚为好。在挂果期以土壤不湿不干为宜，采果前5天应停止浇水，以利糖分的积累。一般日光温室栽培选用滴灌，既节水又易于掌握和管理。

（3）温度的管理　火龙果属热带、亚热带植物，耐高温，怕霜冻，在温度低于5℃时，生长会受影响；在温度保持在25℃的情况下，一年四季均可开花结果。因此应加强温度管理，如果保持日光温室内的温度25～28℃，可以实现周年采收，补充淡季市场供应，增加日光温室的经济效益。

（4）整枝　火龙果成苗栽植后30d可发芽，植株生长迅速，平均每天长高2cm以上，在生长过程中会生出许多芽苞，因此，应注意整枝。火龙果一般前期只留一个主干，其余侧枝全部剪除，待主茎长至所需高度（1.3～1.5m）时再行打顶。主干打顶后再留分枝，一般每株10～15条，随着侧枝的生长，要合理分布空间，对于侧枝上过密的枝杈要及时剪掉，以免过多消耗养分，让结果的枝条自然下垂，积累养分，提早开花结果。

（5）授粉树的配置与人工授粉　在温室生产的火龙果，自花结实率只有20%～30%，人工授粉可大大提高火龙果的坐果率，使坐果率达到85%以上。授粉时间非常重要，火龙果的开花时间为晚上7点左右至早上6点。授粉时间一般定于晚上9～10点，采集多个花朵的花粉混合后，再将花粉均匀地涂在柱头上即可。

日光温室内种植火龙果，要注意不同品种间种，以便相互间传粉受精。一般以红肉品种栽培为主的温室，间种10%的白肉品种，不同品种间相互授粉，可提高结实率。

（6）疏花疏果与剪枝　火龙果定植12～14个月后即可开花结果，每年可开花12～15次。4—11月为产果期，谢花后30～40d即可采收。单果一般重500～1000g，植后第二年每柱产果20个以上，第三年进入盛果期。

当年5月栽植的成苗到翌年5月即可开花挂果，应配合人工授粉疏花疏果，每条挂果枝留果3～5个。结过果的枝条在每年收果后可将其剪除，以促使长出新枝，保证来年的产量。

五、病虫害防治

火龙果病虫害很少，幼苗期易受蚂蚁和蜗牛的危害，可用高效氯氰菊酯等杀虫剂防治；在温度高、湿度大时，枝条部分组织易出现坏死或霉烂，可用粉锈宁进行防治。

六、采收

火龙果栽后 12 ~ 14 个月即可开花结果，花谢后 40d 即可采收果实。一年中可多次开花结果，应分期分批采收。

第二节　番木瓜

番木瓜（*Carica papayacarica* L.）又称木瓜、乳瓜、万寿果等，属番木瓜科番木瓜属小乔木，半草本热带果树，在我国主要分布于广东、广西、海南和台湾等地。番木瓜是世界十大水果之一，果肉营养丰富，除富含各种矿物质和维生素外，还含有具强烈抗癌活性的木瓜碱和帮助消化、治疗胃病的木瓜蛋白酶。木瓜除了鲜食外，还可加工成果脯等食品，未成熟果可做菜、炒食、做汤等，与肉同煮，可使肉质鲜嫩易于消化。果实、种子、叶片均可入药，具有理气、活血等功效。随着人们对营养保健果品的重视，番木瓜有着广阔的发展前景，是北方农民增收、农业增效的好项目，而且近几年随着设施农业的不断发展，番木瓜引入北方进行温室栽培取得了成功。

一、品种

适宜北方温室种植的番木瓜品种有红妃、台农 1 号、台农 2 号、夏威夷和红日等品种。其中红日和夏威夷为小果型品种，单果重 0.5kg，红妃 1.5kg，台农 1 号和台农 2 号单果重 2kg。相比台农 1 号和台农 2 号，红妃、红日和夏威夷植株较矮，引进品种时应根据温室高度选择对应品种。

红妃：从台湾引进的优良品种，茎干绿色，结果期早。株形低矮，第 1 果结果时株高 60 ~ 80cm。结果力强，果型大，果重通常为 1.5 ~ 2.0kg，最大果重达 3.0kg 以上。雌株果实呈长球形或椭圆形，两性株果实长形。肉色红美（低温期较淡），糖分通常在 13% 左右。该品种具有结果期早、产量高、品质优、耐病毒、耐雨水、栽培容易等优点。

台农 1 号：雌果椭圆形，两性果长形。果肉红色，含糖 11% ~ 12%，品质优良，具有特殊香味，尤适于冰果店和加工用。

台农2号：早生，株形较矮。两性果长形，雌果椭圆形。果顶均尖凸，果型较大，平均果重在1.1kg左右。果肉橙红色，品质良好，气味清醇。栽培容易，产量高，但耐储运性稍弱。适于冰果店及家庭消费。

台农3号：株形较矮，结果时株高72cm，生育强健。雌果椭圆形，两性果呈长形。平均果重1.3kg，果肉呈橙黄色，含糖分11%~12%，品质良好，产量高。

红日：广州市果树科学研究所选育。从定植到初收约210d，延续采收期60~70d。植株长势旺盛，平均株高约180cm，两性花所结果实主要为椭圆形，果顶微凹，果面轻微隆起；果皮光滑，光泽度中等；果肉橙红，肉质细嫩，有桂花香味，品质优。

夏威夷：小果型品种，多年生热带亚热带常绿草本浆果类作物。果实可鲜食及作蔬菜，药用价值很高。夏威夷木瓜植后1年内可开花结果，四季花果不断，早结丰产性状突出。果形丰正光滑，单果重0.4kg，果肉红色、气味芳香，鲜食或作瓜盅食用，颇受消费者欢迎。

日升：早生，结果力强，果形丰正光滑，平均果重400g。两性果呈梨形，雌果近球形，果肉红色，糖度高达15%。肉质细嫩，气味芳香，品质极优。在国内市场评价极高，适于外销。

农友一号：果实硕大，多两性株，雌株较少。果实大小整齐，平均果重1.6kg，大的可达3.0kg。果肉黄色，糖度通常在12%左右。

蜜红一号：茎干绿色，叶浓绿，茎节间短，矮生，结果部位低（68cm）。雌果圆形，两性果呈短梨形，果肉橙红色，糖分通常在13%左右，平均果重497g。

蜜红八号：矮生（50cm），生长缓慢，不易徒长。平均果重1250g，两性果呈短梨形，果肉橙红色。

二、种植条件

1. 温度

番木瓜适宜的生长温度为26~32℃。月均最低温16℃以上时番木瓜生长、结实、产量、品质才能正常。当温度低于6℃时植株会被冻死，而高于35℃时，出现趋雄现象，造成间断结果的后果。北方地区种植必须在有加温条件的温室才能进行。番木瓜在温度高的条件下生长快、旺盛，且果实糖分较高，果肉颜色较深；在温度低的条件下则生长慢，糖度低，果肉颜色较淡。

2. 湿度

番木瓜生长适宜的空气湿度为60%~70%。冬季在确保番木瓜有较高生长温度的时候，应尽可能每天打开风口以降低棚内的湿度。夏季可通过增加地面湿度或者喷雾来增加空气湿度。

3. 光照

番木瓜喜光，光照不足易引起植株徒长、花芽分化不良、落花落果、产量低，室内光照度应保证在20000~40000lx，不能低于12000lx。北京郊区日光温室的光照条件基本能够满足番木瓜的生长需求。为增强光照和降低温度，5—9月可以揭开棚膜，实行露天栽培，但在7、8月的高温强光季节，要考虑适当遮阳，避免果实受日灼而影响品质。但如果在现代化连栋温室种植，则需要尽量选择透光率较高的顶棚，夏季温度过高时可通过遮阳网、通气等方式降低温度。

4. 土壤

番木瓜根系为肉质根，耐旱性强，耐湿性弱，排水不良易引起根腐；对土壤的透气性要求较高，和地上部叶片一样，对有害气体非常敏感。优质高产栽培必须选择土壤疏松、土层深厚、富含有机质、地下水位低、排灌方便、土壤pH 6.0~6.5、通气良好的壤土或沙壤土。京郊大部分土壤经过局部改土可以适应番木瓜生长。

5. 空气质量

番木瓜是一种对空气质量要求较高的植物，在南方露天栽培一般不宜出现气害问题。但在北方温室栽培，由于温室通风条件的限制和冬季保温的需要，温室内的空气质量一般不是太好，如果由于施肥不当产生氨气或由于空气中污染物SO_2、氟化氢、氮氧化物浓度超标，均会使叶片发生病变。病变表现为功能叶的叶缘和叶脉间出现白斑，严重时叶片干枯，正在生长的嫩叶和老叶片上不会发生，因此可与一般叶斑病区分开来。所以，温室栽培到了冬春季节要注意通风换气，避免有害气体的积累伤害到番木瓜。要避免在温室内过量追施未完全腐熟的有机肥、氨态氮肥，以及熏硫磺和刷防腐漆；禁止在温室附近焚烧有害垃圾；要避免在附近有污染源的温室中栽培。

三、繁殖方法

种子繁殖。番木瓜种子如同绿豆粒大小，黑色，外有一层假种皮。华北地区一般采用冬育春栽。

1. 催芽

10月中下旬浸种催芽，用500倍托布津消毒，洗净后用1%小苏打液浸种4~5h可提高发芽率。番木瓜种子发芽的适宜温度为30~32℃，低于23℃和高于40℃对发芽不利。将小苏打浸泡后的种子捞出，用清水洗净后置于

30℃的恒温恒湿条件下催芽（发芽适宜温度为30～32℃），每隔8h左右检查一次；用温水淘洗，待种壳开裂露出白色根尖时，分拣出置于20～22℃的湿润环境中，待大部分种子露白时一起播种。经高温催芽的种子发芽出苗整齐，否则，出苗时间可长达一个月以上，给育苗管理带来难度。

2. 播种

播种时将种子播于营养钵上，播后覆盖1.0～1.5cm厚的细土，浇水盖膜。营养基质要求疏松、通透性良好，育苗期间要求光照充足、土壤湿润，但不可积水。番木瓜有雌雄异株情况，但大部分栽培品种还是雌雄同株的。对于雌雄异株的番木瓜，现蕾前难以识别性别，所以需增植35%左右的备用苗。当苗高50～70cm开始现蕾时，除保留10%的雄株外，其余的要立即去掉，及时补栽。台农2号为雌雄同花，只需增植10%左右的备用苗即可。

3. 育苗

育苗宜在塑料大棚或日光温室内进行，温度控制在20～30℃。通常播种后10d左右出苗，出苗后应经常保持土壤湿润，忌过湿。当幼苗长出2～3片真叶后控水，促根防徒长。出4片叶时，追肥，用0.10%～0.15%的尿素加0.15%的磷酸二氢钾水溶液淋施。无土育苗则可随时浇施浓度0.15%～0.20%的完全营养液，15d一次。苗期可长达4～5个月。

四、栽培管理

1. 定植

定植前对土壤要进行深翻改良并施足底肥，创造透气性好、pH适宜、肥力均匀的土壤环境。底肥所选用的有机肥必须是经充分发酵腐熟的，以避免有机肥施入土中再次发酵产生有害气体伤害根系。把有机肥与耕作层土壤充分混匀，结合深翻，每公顷施优质有机肥75t，硫酸钾复合肥50kg，过磷酸钙30kg，硼、镁、锰、锌等微肥各1kg，精细整地。由于番木瓜的树冠幅度大，可采用宽行密植，株行距为1.8m×2.5m。定植要挖深穴，一般穴的直径为60cm，深40cm。定植前再进行营养土配制和回填。营养土的配制可按草炭∶有机肥∶沙子∶表土＝2∶1∶1∶6进行。将配好的营养土回填定植穴，且高于地面20cm，充分灌溉后等待栽植。春天气温回升，晚间最低温度不低于8℃时可以进行种苗移栽，华北地区一般在4月中下旬。选择粗壮、无病害种苗种植。种植时将塑料袋包的整个根部放入穴内，用手小心撕开除去塑料袋，将幼苗轻轻放入穴中，覆土压实。种苗不要种植过深，以略深于根茎为宜，然后浇足定根水，使根系与土壤充分接触。选用日光温室种植，可以在植株高度50cm左右时采用斜拉的方法，使植株垂直高度降低，以适应温室高度。

2. 肥水管理

番木瓜根系浅，叶大，不耐干旱，生长迅速，需肥水较多。缓苗后，新根长出，可施0.5%尿素液进行叶面喷施或尿素环施。为促进植株的营养生长，每隔10～15d施肥一次，以施速效肥为主。现蕾前后及时施重肥，每株用尿素1.2kg、复合肥0.75kg，先后追肥1～2次。为供花芽形成等需要，这时追肥以氮肥为主，适当增施磷钾肥，另用开花精进行叶面追肥。进入盛花坐果期，要满足果实发育和顶部开花坐果需要，应每月施肥一次，按氮∶磷∶钾比例1∶2∶2配合施用，在幼树根系周围30～50cm范围内环施，每株0.2kg；以后每1.0～1.5个月施一次，每次每株施肥0.3～0.5kg，可条沟施或畦沟撒施。每次施肥后浇水不可过大，但应保持土壤湿润，同时加施有机肥，如沤熟的花生秸秆加有机生物肥，每次每株番木瓜可追施2.0kg，还可增施2.5～5.0g硼砂，以防果实硬化、风味变劣而失去食用价值。由于番木瓜根浅，不耐干旱，而根部浸水超过24h即发生腐烂，因此水分的调控至关重要。旱季应经常灌水，保持土壤湿润，一般每月灌水1～2次，畦沟浸水不超过1h，土壤含水量控制在最大持水量的70%左右。番木瓜定植后浇好定植水，覆膜进行保温，促进根系恢复生长以后根据植株长势和生长的季节进行合理的浇水。冬春季节和雨季要避免积水，夏秋高温季节要避免干旱缺水。在生长结果旺盛时缺水会导致果实外观和品质变劣。

3. 除草及花果管理

（1）锄草　番木瓜为浅根性果树，应浅锄以免伤其根部，也可在根部覆盖黑色薄膜，抑制杂草丛生。

（2）除腋芽　定植后应及时摘除侧芽萌发的嫩梢，注意先摘除无病虫害树的腋芽，再摘除病树的腋芽，以防病毒传播。

（3）花果管理　番木瓜在树干叶腋间萌发着生花芽，为了减少养分消耗，侧芽要摘除。植株开始产生花芽后一般不形成叶芽，但对每一叶腋间的花朵数也需进行控制，一般先保留1～2朵花，对过多花序进行摘除。

番木瓜温室栽植的生育期在当年9月至翌年5月，因棚膜隔离昆虫进入，只有两性株能自然授粉结果，而单性花——雌株本身无花粉可授，必须进行人工辅助授粉才能结果。

番木瓜未授粉的花2～3d即变黄脱落，高温干旱、低温阴雨、坐果过密、缺肥缺水及肥害、药害等因素都会引起落花落果，应及时将授粉不良、形状不整、患病虫害及过密的果除去。每叶腋只留1～2个果，一般雌性株坐果率高，留1个果，两性株结果明显，可部分留2个果，株留果15～25个，以利养分集中供应，提高单果的品质。留下形状整齐美观的果实让其充分膨大。枯死的老叶应连叶柄一起摘除，下部枯老叶遇大水会刺伤果皮导致流乳呈伤疤，影响商品质量，而且老叶光合作用衰退，消耗养分，应随时割除。田间如有雄株应及早去除。这些操作必须在晴天进行。疏花、疏果及授粉时一定要细心操作，避免尖锐器具触伤果实表皮，引起流胶和结痂，影响果实外观。

4. 结果期管理

从开花到成熟的时间，不同季节差别比较大。北方设施栽培夏季开花经120～130d成熟，春季开花160～180d成熟，秋季开花则需200～230d才能熟。低温弱光不但果实发育历期延长，而且果实品质也非常差。所以，北方设施栽培10月以后开的花，建议放弃结果，这样有利于植株更好地度过低温弱光的冬季。

五、病虫害防治

以防为主，防治结合。增施有机肥，控制氮肥用量，合理密植，改善大棚通风透光条件，降低棚内湿度。

1. 主要病害及其防治

（1）环斑花叶病　发病初期，在茎、叶脉及嫩叶的支脉间出现水渍斑，随后在嫩叶上出现黄绿相间或深绿与浅绿相间的花叶病症状；在感病果实表皮上也出现水渍状圆斑，几个圆斑可联合呈不规则形。防治方法为及时挖除病株，并用生石灰消毒；药剂治蚜，可用10%的吡虫啉1500～2000倍液与病毒必克、病毒宁、菌克毒克等病毒药混用。

（2）炭疽病　本病主要为害果实，其次为害叶片和叶柄、茎。被害果面会出现黄色或暗褐色的水渍状小斑点，随着病斑逐渐扩大，病斑中间凹陷，出现同心轮纹，上生朱红粘粒，之后变为小黑点。叶片上，病斑多发生于叶尖和叶缘上，色褐，呈不规则形，斑上有小黑点。防治方法为彻底清除病残体，及时清除病果，结合喷波尔多液或多硫悬浮剂1～2次，及时清除病果；药剂防治可用70%甲基托布津可湿性粉剂800～1000倍液，或50%多菌灵可湿性粉剂800倍液，发病季节每隔10～15d喷1次，连喷3～4次。

（3）白粉病　初期叶片呈白色粉斑，后期粉斑汇集在一起，叶上则铺了一层白色粉状物。白粉病在嫩叶上为害较严重。防治方法为避免过度密植，注意通风透光；避免偏施氮肥；发病期间，定期喷洒40%胶体硫悬浮剂250倍液或0.2～0.3倍波美度石硫合剂防治。

（4）霜霉病　幼苗容易受害，叶斑褐色、形状不规则、呈水渍状，潮湿时背面产生白霉。茎秆发病呈深褐色、水渍状腐烂，表面有白霉。防治方法为发病初期及时连续喷药控制，药剂可选用72.2%普力克水剂800～1000倍液，或霜脲锰锌可湿性粉剂800倍液，或58%瑞毒霉锰锌可湿性粉剂500倍液，或64%杀毒矾可湿性粉剂600倍液。

2. 主要虫害及其防治

（1）红蜘蛛　防治方法为彻底清除田间残体及杂草，集中烧毁，减少越冬虫源。发生高峰期药剂防治，可用73%克螨特乳油1500～2000倍液，或50%托尔克可湿性粉剂2000～2500倍液。在幼螨孵化期每隔5～7d喷药1次，连喷2～3次。

（2）蚜虫　发现蚜虫及发生高峰期用药剂防治。可用10%吡虫啉1000～1500倍液，或3%啶虫脒乳油1500倍液，或50%抗蚜威可湿性粉剂2000～3000倍液交替喷杀。

（3）圆介壳虫　木瓜圆介壳虫也称“东方盾蚧”，以成虫、若虫刺吸番木瓜植株的叶、茎及果实的汁液为食。被害植株生长势衰弱，耐寒力显著降低，冬季容易发生冻害。果实受害，停留于绿色状态，不能成熟，味淡肉硬，品质变劣。防治方法为冬季清园，彻底清除带虫植株，集中烧毁，消灭越冬虫源；药剂防治在若虫初孵期，喷施20%速灭抗乳油1000～1500倍液或40%速杀蚧乳油2000～3000倍液。

（4）斜纹夜蛾　以幼虫取食叶片为害。初孵幼虫群栖叶背取食叶肉，3龄后分散为害，4龄后进入暴食期。防治方法为利用成虫趋光性和趋化性，用黑光灯、糖醋液等诱杀成虫；发现初孵幼虫及时施药，用1.5%华戎1号乳油2000～3000倍液，或10%除尽悬浮剂1500～2000倍液，叶片正反面均匀喷药。

六、采收

番木瓜生长快、结果早、产量高，在北方温室栽培7～9个月可结果，连续结果能力强，可以陆续成熟采收。

采收嫩瓜做菜，可在幼瓜基本定形、尚未转色时采收；作为水果鲜食应在果实成型后，果色由绿变黄后采收。采收时手托果实向上提或向一个方向旋转，或用剪刀连果柄一起剪下。将采下的果实果柄朝下放入果框，运回后经清洗、包装处理后即可食用或销售。

第三节　番石榴

番石榴（*Psidium guajava* Linn.）俗称芭乐、拔番石榴子、那拔等，属桃金娘科番石榴属常绿小乔木或灌木，原产美洲热带国家，现主产于印度、巴西、墨西哥和我国的华南等地。番石榴于17世纪传入我国，在我国台湾地区栽培较多，近年来广东等南方也有了一定的发展。2003 年北京市农业技术推广站将番石榴引进北方种植，并在日光温室栽培成功。2007 年，北京大兴、通州、昌平等区的农业园区开始推广种植，其具有稳定的适应性、良好的观赏价值和较高的经济效益。

一、品种

番石榴在世界分布范围广，各地品种十分丰富。在我国，广东主要品种有早熟白、宫粉红、全红、出世红、大叶红、七月红、泰国大果；福建主要品种则是台湾东砵番石榴、吕宋番石榴、柿蒂番石榴、白秀番石榴、十月番石榴、四季番石榴；台湾主要品种为东山月拔、梨仔拔、日茂月拔、冬拔、珍珠拔、水晶拔；云南主要品种为红心番石榴、本地仔、大果番石榴；广西则有越南番石榴、大果番石榴。

番石榴嫁接选用本砧，本地番石榴、草莓番石榴、巴西番石榴、哥斯达番石榴、黄沙罗番石榴等均可作为砧木。

草莓番石榴：六倍体，果实紫红色或黄色，供鲜食或加工果汁、果冻等，较耐寒，可作番石榴砧木。

巴西番石榴：四倍体，果小，丰产，品质较好，较耐寒。

哥斯达番石榴：六倍体，果圆形，肉薄，味带酸，无香气，种子少，成熟果含果胶量高，抗线虫及凋萎病，可作番石榴砧木。

黄沙罗番石榴：果小，淡黄色，微酸，稍有草莓香气。未充分成熟果可制优质果冻，幼苗耐寒性差，易受根线虫危害，可作番石榴砧木。

二、种植条件

番石榴适应性广，对土壤要求不严，土壤 pH 在 4.5 ~ 8.0 的范围均可种植，但最佳在 5.5 ~ 6.5。番石榴在温度 23 ~ 28℃生长最快，最低月平均温度在 16℃有利于其生长；树体可以忍耐的最低温度是 0℃，因此在北京地区不加温的日光温室可以正常种植，但如需提早上市就需要加温。

园地选择冬季无霜而夏季适当高温、坐北朝南、阳光充足、排灌方便的温室为宜。番石榴 3—5 月栽植成活率高，而营养袋苗全年皆可栽植。栽植株行距为 2m × 3m。种植初期应注意灌水、遮阴并保持相对的温度，使根须顺利生长。

北方没有保温设施的日光温室，必须保证夜间最低气温稳定在 15℃以上才能种植。北京郊区一般在 4 月中下旬，此时气温适宜且逐渐回升，有利于当年种植、当年开花结果，当年就可以取得经济效益。

三、繁殖方法

番石榴采用播种及扦插繁殖。

1. 播种

当种子成熟后立即采下播种，撒播或条播均可，经 2～4 周出苗。待苗高 3～4 寸移植一次，如生长良好，播种后一年即可定植。

2. 育苗

番石榴可采用实生、扦插、圈枝（空中压条）和嫁接法育苗。由于根系能发生根蘖，也可以用分株法育苗。但实生繁殖有变异性，最好用营养袋繁殖。

（1）嫁接育苗　一般选用本砧。当苗木直径达 0.7cm 时，即可嫁接。可用芽接或枝接法。时间以冬春季为宜。接穗不宜过老或过嫩，以刚脱皮的枝条为宜。在接穗采集前 10～15d，摘去叶片，待芽将要萌发时剪取，效果最佳。砧木粗壮，积累养分多，有利于嫁接成活。一般芽接后 1 个月解绑，接芽愈合成活后剪砧，促使接穗萌发生长，1 年后可出圃定植。

（2）圈枝育苗　选直径 1.2～1.5cm 的 2～3 年生枝条，在距枝梢顶端 40～60cm 处环剥，环剥宽 2～3cm，包上生根介质。包生根介质前用吲哚丁酸（IBA）水溶液或羊毛脂涂环剥口，能促使早发根，根量多，成活率也高。2 个月后，新根生长密集时将其锯离母株假植。发二次新梢并转绿后种植。

（3）扦插育苗　剪取茎粗 1.2～1.5cm 的 2～3 年生枝，长 15cm，于 2～4 月扦插。用 0.2% 吲哚丁酸处理插穗基部，能促进发根，加 2% 蔗糖更好。也可以用 0.2% 萘乙酸（NAA）处理并带叶扦插，在喷雾的条件下效果更佳。处理后于 28～32℃插床中培育，发根快且好。

四、栽培管理

1. 定植

番石榴早熟品种及贫瘠土壤可采用行株距 4m×4m 栽植；中晚熟品种及肥沃的土壤可采用行株距 6m×4m 或 5m×5m 栽植。

2. 肥水管理

定植第 1 年，每株施三元复合肥（氮、磷、钾含量均为 15%）2kg、豆麸 1kg（或肥量相当的鸡粪、猪粪等有机肥）、硫酸钾 0.2kg、贝壳灰 0.5kg；定植第 2 年，按上一年的施肥量增加 1 倍；定植第 3 年，不再增加施肥量，或可根据树势、产量增加施肥量。

每年在花前和采果后各施肥一次，以禽、畜粪等有机肥为主。每次每株施 25 ~ 30kg，加复合肥 0.5 ~ 1kg。谢花后至果实发育期，每半月施腐熟粪水一次。

番石榴由于生长量大、产量高，生产上经常出现缺素症，特别是微量元素锌和硼，因此通过叶面喷肥补充微量元素很有必要。缺锌时可以用 0.2% 的硫酸锌或氧化锌叶面喷施；缺硼时可以用 1000 倍的硼砂水溶液喷施叶面，20d 后再喷一次。

定植后要求土壤湿润，3 ~ 5d 浇水一次，一个月后 5 ~ 7d 浇水一次，2 个月后 10d 浇水一次。每次浇水的量不能太大，以免过度降低温度和影响根系的通气性。

雨季注意排水，旱季注意灌水，冬季果园深沟蓄浅水，入冬后畦面可覆盖地膜保温保墒。

3. 花果管理及修剪

（1）疏花疏果　番石榴花量大，挂果多。为提高果实的品质，在花果期要进行疏花疏果，及时疏去双花、三花及发育不良的花朵，保留健壮的单花，并要适当疏果，通常每条枝留 1 ~ 3 个果即可。

（2）枝条修剪　将密枝、细弱枝、老化枝剪除，留发育良好营养丰富的结果母枝。修剪掌握在全树冠的 35% ~ 65%，下次修剪另外的枝条，如此交替循环修剪。

（3）套袋　在果实直径达到 2 ~ 3cm 时，再次将营养不良、留量偏多的果实摘除后，对树体进行一次均匀的无公害杀虫、杀菌剂喷施。2 ~ 3 天后，在早晨露水蒸干后开始套袋，只把果粒套进袋内，叶片留在外面，并订紧袋口，留好缝隙以利通气和水分的排出。

五、病虫害的防治

1. 主要病害及其防治

（1）青枯病　番石榴受青枯病菌感染，全株生长停止，老叶首先脱落，上位叶虽停留在植株枝干上，但叶片转为黄色偏白，或淡黄绿色，最后逐渐感染导致全株枯死。防治方法为先将罹病区植株泥土移出，并移入新土，再栽植新苗。此外，番石榴欲新植时，应留意该园前期作物，避免直接在辣椒、茄子、西红柿等容易感染青枯病的作物之后种植，或在园内间作此等作物，以减少病害发生。

（2）炭疽病　首先在果实外表涌现软化水渍状病斑，病斑褪色或浮现褐色，病斑中央呈黑色，并且会稍向内凹陷；常在黑色病斑上看到点状粉红色黏液，这是炭疽病菌的分生孢子堆及分生孢子。分生孢子常会随雨水等的冲刷移至新枝条上，再度发生感染。感染炭疽病的果实在病患中央部位会涌现粉色、淡紫色等色泽，病患外部组织则褪色呈水渍状。通常可用的防治药剂有50%咪鲜胺（施保克）、50%退菌特、40%灭菌丹、50%托布津可湿性粉剂等，于下雨后施用或修剪后施用；另外，套袋前杀菌消毒也需施用，开始套袋前遵守药剂浓度先行施药后再套袋，以减少危害。

（3）溃疡病　主要危害番石榴树干、树枝、果实。枝干被害表现为树皮溃疡、皱裂。初期病部树皮呈淡褐色，病部两侧外层呈褐色或黑褐色。随着病痕的上下扩展，茎溃疡裂皮症状加重，树皮沿病痕裂开，严重者绕树干1周，使整枝、整株植株死亡。果实被害初期呈现淡褐色果腐病斑，后期变为暗褐色至黑色，果皮皱，最后整个果实黑腐。该病侵染潜伏时间长，在田间整年都可发生。防治方法：一是结合修剪彻底清除已发病的细枝梢，再涂1～2次50%退菌特可湿性粉剂50倍液或10波美度石硫合剂；二是加强果园管理，减少其他病虫害造成的伤口，合理施肥，使果树生长健壮，提高抗病力。

（4）根结线虫病　番石榴受害后根系严重结瘤，在支干根上也结瘤，部分支干根的根皮坏死腐烂，在受害根上可检查到大量的雄线虫。防治方法为注意植物检疫，培育无病苗木，以及实行以农药防治为主的综合防治措施。农药防治，用敌敌畏或杀虫双500倍液浸透营养袋土和根系；用1.8%爱福丁乳油170g/50kg水浇施于主干周围15～20cm深的病树耕作层中，杀虫效果较好；或用辛硫磷颗粒剂撒施、沟施或穴施，每667m^2用量6～7kg，药效期长达2～3个月。

2. 主要虫害及其防治

桃蛀果蛾可用2.5%功夫乳油2000倍液防治。蚜虫、粉虱等用25%扑虱灵1000倍液或40%速扑杀1000倍液防治。

六、采收

番石榴充分成熟时风味最佳，供鲜食用一般待充分成熟才采收。因此，要掌握好成熟采收的标准。番石榴未成熟果实为绿色，较粗糙，光泽差；成熟果实丰满，颜色呈淡绿微黄，有光泽，有色品种呈现固有的美丽色泽，肉质松脆。由于花期有先后，果实成熟期也不一致，应随熟随采。在番石榴大量成熟期间，应每天采收1次，且最好在清晨采收，此时温度较低，光线较弱，能较好保持果实风味，因果形较大，果温较低时也有利于存放。

第四节　番荔枝

番荔枝（*Annona squamosa*）又称林檎、洋波罗、番苞萝、释迦、佛头果等，为番荔枝科番荔枝属多年生半落叶性小乔木植物，是世界五大热带名果（香蕉、菠萝、番荔枝、芒果、莽吉柿）之一。番荔枝果形奇特，果实营养丰富，风味芳香，是人们喜爱的优良果品。

番荔枝原产于热带美洲陆地或加勒比海的海岛和西印度群岛上，传入我国约有1000多年的历史。由于番荔枝鲜果易烂，不耐储运，所以我国北方市场上少有销售，且价格较高。北京市农业技术推广站于2004年引种的番荔枝利用加温温室栽培技术，使番荔枝在北京地区正常生长和结果，经济效益显著，是京郊设施栽培中很有前途的一个品种。

一、品种

我国栽培的番荔枝，过去多采用实生繁殖，还没有经过鉴定的无性繁殖的商业性栽培品种，即使栽培数量较多的台湾地区，也仅有粗鳞及细鳞两个品种。近年来，我国开始重视番荔枝的良种选育及无性繁殖。目前主要是广东及台湾有部分优良品种。

樟林番荔枝：樟林番荔枝因主产于广东澄海樟林而得名，为半落叶性小乔木，高5~6m，多分枝。樟林番荔枝品种植株从4月中旬至8月中旬陆续开花，但以6月上中旬开花结果为主。果实呈心脏形，单果重100~350g，大者达500g，产量高，品质优良，商品价值高。

虎门番荔枝：虎门番荔枝主产于广东东莞虎门镇，主要在东莞及其附近地区栽培。植物学特征及生物学特征与樟林番荔枝相似。

粗鳞番荔枝：粗鳞番荔枝在台湾东部地区被普遍栽培。树体大，叶片宽，果型较大，小果数少。

细鳞番荔枝：细鳞番荔枝也在台湾东部地区被普遍栽培。树体比粗鳞品种略小，叶片茂密，叶较小，披针形。果形略扁，单果平均210g，小果数多，产量较高。

二、种植条件

1. 光照

番荔枝喜光耐阴，光照充足情况下植株生长健壮，叶片肥厚。在果实发育阶段增加光照可提高果实的品质。

2. 温度

番荔枝需要在温暖的气候下生长，不耐霜冻和阴冷天气。普通番荔枝最适生长温度平均最高为25~32℃，果实成熟最适平均温度为25~30℃。番荔枝果树安全越冬的临界温度为0℃。

3. 水分

番荔枝对水分比较敏感，水分过多过少都不利于植株生长。尤其坐果期缺水，会导致落花落果，果实生长缓慢，同时，水分还会影响果实的品质。在低湿（相对湿度低于70%）情况下，落花增加，柱头干化，坐果明显减少；但湿度过高（高于95%）又会把柱头上的糖类分泌物稀释掉，使花粉发芽率低，不利于受精。

4. 土壤

番荔枝对各类土壤的适应性都很强，在砂质到黏壤质土上都能生长。但是要获得高产和稳产的效果，则以选择砂质土或砂壤土为好。日光温室土层浅薄时，可培土加厚土层，改进排水。

三、繁殖方法

番荔枝繁殖方法有种子繁殖、嫁接繁殖。普通番荔枝实生苗，具有早结丰产的特性，但其性状难以保持，因此，番荔枝育苗一般采用普通番荔枝作砧木，然后再进行嫁接。

用普通番荔枝作砧木，种子应来自品种优良且丰产、优质的母株，选取果大且果形端正的果实。将种子取出后洗净，剔除不实粒和小粒种子，晾干即播。用于翌年春播的种子要充分晒干，密封保存。砧木粗度达到1cm左右时就可进行嫁接。嫁接方法多随季节而定，春季韧皮部不易削离，一般采用枝接法，而夏秋季一般采用芽接法。

番荔枝用芽接法嫁接时，一般要求20～30d后解绑；而用枝接法嫁接时，一般先挑芽后再解绑。对于用芽接法嫁接已成活的植株，在解绑后15d左右，就可以在芽接位上方5cm左右剪砧，剪砧后基部将抽出大量萌蘖，应及时去除，以免与接穗争夺养分，影响接芽的萌发。当嫁接苗长到高50cm、茎粗1.0cm左右时，即可出圃定植。

四、栽培管理

1. 种植时间、方式、密度

番荔枝在北京郊区温室栽培宜于4月中下旬定植（不管温室是否盖膜都可以种植）。在定植前要进行苗木处理，首先要进行消毒，用3～5°Bé的石硫合剂药液喷布苗木，同时对苗木进行分级和修整。按苗木大小、根系好坏进行分级后进行分栽。对外地调入和储藏中失水的苗木，栽前须在水中浸根35h。

番荔枝在北方温室种植规格应根据温室的具体情况而定。可采取株行距

2m×2m，错行呈“品”字形种植，667m^2种植 110 株；也可采取株行距为 2m×3m，667m^2种植约 95 株。

种植前，先将温室地面平整，然后挖穴种植。穴的规格 80cm×80cm×50cm（长×宽×深），并备好有机肥和三元复合肥。将有机肥（如经发酵腐熟的猪、牛粪）与表土按 1∶1 的比例拌匀，并加入 500～1000g/穴的三元复合肥制成营养土中进行回填，回填的营养土以高出地面 10～15cm 为宜。种植的种苗如果是裸根苗，最好用生根粉浸泡 10min，以利于缓苗。定植后要及时淋足定根水，并盖上遮阳网。

2. 水肥管理

（1）水分　新植番荔枝既怕旱又怕积水。新定植的幼树主要需保证土壤湿度，一般以土壤最大持水量的 60%～80% 为宜，以利于缓苗和生长。夏季日光温室去膜后雨季时要注意及时排除积水。

北京郊区种植番荔枝的有效花期集中在 6—7 月，而此时正处于热风时期，空气湿度低，对番荔枝坐果非常不利。因此，采用人工加湿办法进行湿度的调控又是一项重要的措施。调控方法：一是在温室内安装加湿设备进行湿度调控；二是采用人工喷水的办法进行调控。空气湿度以保持在 70%～90% 为宜。

（2）肥料　新定植的幼树施肥以勤施薄施肥料为好，于新梢萌芽期及新梢长到 40cm 时各施一次。肥料以速效氮肥为主，每次每株施三元复合肥（15－15－15）50g，对水 35kg 淋施。番荔枝在施足有机肥的情况下再追施无机肥。通常 4 年生的树每年每株施入腐熟农家肥 10kg，并依树龄逐年增加。施肥方法可采用环状施肥、半环状施肥、放射状施肥、穴状施肥、条沟施肥等。

番荔枝易发生缺锌、缺硼、缺铁、缺钾、缺镁等症状，尤其是在土壤碱性较大的土壤上。解决的办法一般是在重施有机肥的基础上，调节土壤的酸碱度，并通过叶面施肥或施用所需微量元素的粒剂化学药品来解决。

3. 花果管理

北方温室由于室内昆虫少，往往因为缺乏花粉传媒而致使番荔枝坐果率低甚至不能坐果，因此北方温室栽培的番荔枝必须进行人工授粉。因番荔枝具有雌蕊先熟、柱头接受花粉时间短的特点，所以人工授粉要在花瓣半张开、花药不裂时进行。人工授粉的方法是用毛笔从花瓣张开、花药正自然裂开的花上蘸取花粉，授于花瓣半张开的花柱上，蘸一次花粉授 2～3 朵花。

为提高果品质量，要将畸形果、病虫果或过多过密的小果疏除，一般每条长果枝留果 12 个。

4. 整形和修剪

新定植的幼树采用摘心的方法，促进分枝，尽快培养成矮化多分枝树。枝条分布均匀的伞形树冠，为早结果丰产量打下基础。具体操作方法是：定干高度40～50cm，并摘除主干中上部叶片3～4片，以促发主枝3～4条；主枝长至60cm时摘心，待枝梢叶片老熟后再于每条主枝的中、上部摘去2片叶，以保留二级分枝各两条，二级分枝长至30～40cm时摘心，待枝梢叶片老熟后摘除2片叶，促留三级分枝。

结果树的修剪则是每年收完果后重剪一次，时间在3月中下旬，在落叶枝的芽眼大部分萌动时进行。方法是将树冠外围的大枝条回缩修剪至第三或第四级分枝。回缩后留桩头20～30cm，并要求桩头在树冠中呈伞状均匀分布；树冠内膛直径0.5cm以上的枝条一般保留2～4节位回缩修剪其余弱枝、过密枝则从基部疏除。春季重剪后，嫩梢长5～10cm时要及时疏梢，每条枝桩留2～3条分布均匀的新梢，在新梢结果枝或营养枝长至30～40cm时及时摘心。

5. 栽培番荔枝的日光温室管理

北方地区种植番荔枝的日光温室，其生长环境可分为两部分：一是在日光温室内的生长；二是揭膜后的露地生长。番荔枝的露地生长期在5—9月，此时气温逐渐升高，北方进入雨季，气候条件与南方基本相似，在这个阶段要注意防止下雨时地面积水。着重需要调控的是番荔枝在日光温室内的生长阶段。

（1）扣膜上帘、卸帘揭膜　番荔枝与其他南方果树相比，虽然耐寒性较强，但在北方地区日光温室中种植，如果没有采取适当的加温、保温措施也难以安全越冬。加温、扣棚盖帘和揭膜应根据当地的气候特点，尤其是根据气温的变化而确定。扣膜时间应在早霜来临之前，外界最低气温不低于15℃前完成；揭膜时间在晚霜解除后，外界气温稳定高于15℃时。北京地区一般要在9月的中下旬上膜，10月中下旬盖帘，11月上中旬加温，次年3月中下旬可停止加温，4月中下旬当日平均气温稳定高于15℃时即可揭膜。

揭膜后番荔枝在露地进行生长。露地生长期间的光温条件可完全满足番荔枝的生长需求，只需做好水、肥管理工作即可。

（2）温度和湿度管理　若在北方地区种植番荔枝一年中有大半时间在扣膜的日光温室里生长。管理要点是：调温和调湿。根据天气情况确定揭帘、放帘的早晚以及打开薄膜风口的大小。在确保番荔枝有较高的生长温度的时候，尽可能每天打开风口以降低棚内的湿度。在刚盖膜的9、10月（即深秋和初冬）或快揭膜时的3、4月（晚春），每天风口要开得早、关得晚，以防棚内温度过高烫伤植株；从当年的11月至次年2月期间（在较寒冷的冬季），北京地区一般需进行加温来提高室内温度，确保番荔枝的安全越冬和保证果实的品质。草帘的揭放管理：冬天气温较低时，揭帘要迟（如早上9、10点，太阳出来后），放帘要早（下午3、4点，在太阳没有下山前），具体的标准是揭放帘时不让棚内温度下降。风口大小根据棚内温湿度决定，重点是保证大棚内有较高的温度。

五、病虫害防治

番荔枝在我国南方常见的病害有叶斑病、白纹羽病、赤衣病、果实蒂黑病、根腐病等。北方大棚种植由于引入时间短，目前只发现有根腐病，其他病害还未见发生。根腐病的症状是根颈腐烂，该病一旦发生，叶片凋萎黄化，根颈腐烂，根内部组织失色变黑，最后树体衰弱死亡。目前尚无有效的药剂防治，可通过加强田间管理、增强树势来防止该病的发生。在我国南方常见的虫害如蓟马类、果实斑螟蛾、介壳虫类、叶螨虫尖等在北方温室大棚种植期间也没发现。

六、采收

番荔枝硬熟期适时采收需通过检视果实表面的鳞目、色泽及鳞沟展开程度来判定果实的成熟度。当鳞沟微裂、呈现乳黄色时，表示已可采收。如果果实成熟度不足便采下，番荔枝无法正常软熟，而无商品价值及食用价值；如果果实过熟，则容易快速软熟，造成损失。

采收下的番荔枝建议保存在凉快、遮荫、通风处，理想的温度为20℃，5~7d后开始软熟即可食用，或存放在冰箱冷藏可延长保存时间。

第五节　香蕉

香蕉（*Musanana* Lour）为热带、亚热带的重要水果，是多年生巨型草本植物，种子已退化，无发芽能力，繁殖利用地下茎所生出的吸芽。香蕉原产于我国南方一带及东南亚地区，果肉质熟时为黄色，果肉芳香，富含碳水化合物，蛋白质和脂肪的含量很低，所含的糖类主要是葡萄糖、果糖和蔗糖。

一、品种

全世界香蕉品种约有300多个，我国台湾省有80个，大陆诸省区有30余个。我国以栽培香牙蕉类最为普遍，也有小面积栽培大蕉、粉蕉和龙牙蕉。

大种高把：属高干型香蕉，又称“青身高把”“高把香牙蕉”，福建称“高种天宝蕉”，为广东省东莞市的优良品种。植株高大健壮，假茎高260～360cm，叶片大，果穗长75～85cm，果穗梳数9～11梳，果指长19.5～20.0cm，果肉柔滑，味甜而香。一般情况下单株产量20～25kg，最高可达60kg。该品种产量高，品质好，耐旱和耐寒能力都较强，受寒害后恢复生长快，但易受风害。

齐尾：属高干型香蕉，主要分布在广东省高州市，为高州市的优良品种。植株假干高300～360cm，叶片较直立向上伸长，叶片窄长。果穗较大，平均果穗梳数为810梳。果指长18～22cm，单果重130～140g。在正常的情况下，单株产量可达25～30kg，最高可达50kg。该品种产量高，果指长，是出口（适于北运）的品种之一。但抗风力较差，抗寒和抗病能力弱，要求水肥条件较高。

天宝矮蕉：天宝矮蕉原产福建，为闽南主栽品种，茎高1.4～1.8m，茎粗，每穗果梳数8～10梳，每梳果指数18～20条，果指长，单株产量10～20kg。果指弯月形、短小，果实味香甜，品质中等。抗病性较差，产量较低。

二、种植条件

香蕉性喜温暖湿润，喜充足阳光，既怕积水又怕干旱，喜欢土壤肥沃疏松的砂质壤土。生长温度为20～35℃，最适宜为24～32℃，不宜低于15.5℃。最适年降雨量1800～2500mm，且雨量分布均匀。

三、繁殖方法

香蕉除了杂交育种必须采用种子繁殖之外，在生产上过去均采用吸芽或球茎切块的方法繁殖种苗。随着科技的进步，目前主要采用生物技术即组织培养和快速繁殖的技术来繁殖种苗。

1. 组织培养技术

组织培养技术是指在无菌的条件下，将香蕉的茎尖、根、叶、花和果等器官的一小部分组织，培养在人工控制的环境里，使其再生，形成完整的植株。

组织培养技术的最大优点，是在比较短的时间内能大量繁殖出无病优质壮苗。如在生产中发现一株品质优良、产量高的香蕉株系，采用组织培养技术，可在较短的时间内繁殖出大批量无病、种质纯正、规格齐一的健康壮苗，并能保持原品种的优良性状。

2. 快速繁殖技术

快速繁殖技术是将良种的吸芽种植在育苗地内，经过培育，促进其快速生长，待植株进入营养生长旺盛期时，即用锋利尖刀刺死球茎中央的生长点，终止香蕉花芽分化。球茎生长点受到抑制，会促使球茎生发更多的吸芽。采用快速繁殖方法可使球茎繁殖 10 个以上的吸芽。

据观察，未开花结果的植株，球茎发芽率高，而已结果的植株，球茎发芽率较低。

四、栽培管理

1. 温度和湿度管理

（1）温度　香蕉为热带植物，对温度要求高，生长的最适温度为 25 ~ 30℃，温度低于 10℃时根系生长缓慢，低于 5℃时叶即受冻害。北方温室栽培，应保持夜间棚内温度不低于 10℃，白天不高于 30℃，根据自然温度的高低进行增温和降温。湿度保持在 50% ~60%。

（2）湿度　香蕉既怕渍水，又怕干旱，因此前期小苗要经常淋水，保持湿润，应见干见湿；中期浇水时适当地多浇些，使其更好地生长，避免因水分供应不足引起叶片变黄等，影响观赏价值；后期要保持土壤湿润，进行保根、保叶措施，雨季应及时排积水。一般每月浇水 2 次。

2. 施肥

香蕉没有主根，根系在表土下 10 ~25cm 处的范围分布最多。香蕉是典型的喜钾植物，对钾需求最多，氮肥次之，磷肥最少，一般氮、磷、钾的比例为 1:(0.4 ~0.5) :2 最好。施肥原则为前期攻苗要薄肥勤施，以氮肥为主，其他次之；中期与后期以钾肥为主，配施磷钾肥。施肥方法以淋施为主，穴施为辅。由于香蕉根系较弱，应勤施薄肥，并与叶面喷肥相结合。

香蕉在其生长年周期中，需要多次施肥，全年为 10 ~15 次。冬春一般施用有机肥，可在离香蕉根部 50cm 左右，做深 20 ~30cm 的沟与穴，以便作沟施或穴施。

生长期追肥一般宜用化肥。抽蕾前采用勤施薄施。累计施肥量占总量的 75%，新种植的吸芽苗成活后至抽出 10 片大叶前，每月施肥 2 次，每次施肥量占总施肥量的 3% ~5%。新种植的组培苗，在香蕉成活后每隔 7d 浇施 0.2%复合肥溶液 1 次，共 4 ~6 次。随后再抽出 10 片大叶，每隔 15d 施肥一次，每次施肥量占总施肥量的 3% ~5%。在香蕉抽出 10 ~16 片大叶期间，植株生长加速，每月施肥 2 次，每次施肥量占总量的 10%。在香蕉 16 ~23 片大叶期间，植株明显增高，假茎增粗，花芽开始分化；应重视肥料，每月 2 次，每次施肥量占总量的 15% 左右。

随着抽蕾期再追肥 1 次，施肥量占总量的 15%。在初果期再追施 1 次，施肥量占施肥总量的10%。

3. 花果管理

香蕉的生长周期为12～14个月，叶片达到22片叶以上时才能现蕾。香蕉花蕾抽出后，花蕾下垂落在叶柄上，这时要及时校蕾，即把花蕾或叶柄稍加移位，使花蕾能顺利下垂生长。抽蕾后当花蕾开至中性花或雄性花后，割尾断段，减少养分消耗。从现蕾到断蕾的过程，夏季需15d左右，冬季则要20d以上。断蕾要在晴天午后进行，不宜在雨天或早上露水未干时进行。

4. 吸芽管理

（1）除吸芽　香蕉生长到1m高左右时开始长出吸芽，每株一般能抽出4～6个吸芽，此时应选留1个健壮吸芽，其余的吸芽长到15～30cm时全部割除。

（2）科学断蕾　断蕾在雌花开放结束后进行，果穗的梳数根据生长适度而定，一般每穗留7～8梳，在其所留最后的一梳下间隔1～2个果梳处，切断果轴。

五、病虫害防治

1. 主要病害及其防治

主要病害：束顶病、花叶心腐病、叶斑病、炭疽病和黑星病等。

防治措施：发现束顶病、花叶心腐病时要及时挖除病株，喷敌力脱乳油1000倍液防治叶斑病75%多菌灵800倍液用来防治黑星病与炭疽病。

2. 主要虫害及其防治

主要虫害：红蜘蛛、蚜虫等。

防治措施：红蜘蛛用利劈螨1500～2000倍液、螨虫净1500～2000倍液，蚜虫用一便净、粉虱快净2000～3000倍液或吡虫啉1500倍液喷施防治。

六、采收

观察果穗中部位置的小果棱角状态，如明显高出，是七成以下饱满度；果身近乎平满时为七成熟；圆满但尚见棱为八成熟；圆满无棱为九以上成熟。根据上市时间来决定具体采收时间。

储藏香蕉的最适温度为13℃，低于12℃容易使香蕉发生冻伤，品质下降；温度高于15℃，则后熟加快。

第六节　枇杷

枇杷（*Eriobotrya japonica*（Thunb）Lindl）系蔷薇科苹果亚科枇杷属，原

产我国，俗称“小水果”，为常绿小乔木，是我国南方的重要果树之一。其果肉柔软多汁，营养丰富，甜酸适度，是重要的营养和保健果品，又正值水果最缺的初夏上市，深受人们喜爱。枇杷除供鲜食之外，还可制成糖水罐头、果膏、果露等，是润肺、止咳、健胃和清热的良药，其叶可用于镇咳剂和利尿剂。枇杷营养丰富，经济价值高，但不耐储运。为丰富我国北方冬季鲜果市场，北京市海淀区、平谷区、昌平区、怀柔区、大兴区等地引种试栽，生长良好，经济效益显著。

一、品种

适于北方温室种植的枇杷品种有早钟 6 号、大红袍、冠玉和青种枇杷。

早钟 6 号：2000 年从福建引进的优良品种。该品种果形大，平均单果重可达 50g，最大果重 75g，锈斑少，果实呈倒卵形或梨形，果皮和果肉为橙红色，肉嫩无渣，可食率 70%，香气浓。此品种于每年 3 月上旬至 4 月上中旬成熟，是水果淡季中的珍品。嫁接苗定植第二年，部分植株开花，枝梢成花能力强，花量大；第三年株产可达 5kg 以上，盛产期每 667m^2 产量可达 2000kg 以上。

大红袍：我国南方特有的珍稀枇杷品种。该品种的特点为甜、香、肉厚、水分多、容易剥皮等，果实大小均匀，呈倒卵形或洋梨形，单果约重 52g，皮橙红色、锈斑少、鲜艳美观，果皮中厚易剥离。果肉呈橙黄色，质细、无渣，味甜酸适口，香气浓。该品种产量丰富，特早熟，抗病性强。

冠玉：江苏苏州地区农业部门选育出来的白肉枇杷品种。该品种果大（单果重 43.5 ~61.5g，最大达 75g）、质优（汁多、肉细、味浓、微香）、晚熟、耐储，是目前生产上推广的主要白沙枇杷品种。

青种：由野生枇杷变异而来的传统名特优品种。果形为圆球形，颜色为淡橙黄，平均单果重 33.2g，最大的达 50g。果肉呈淡黄色，果肉鲜嫩，甜酸适度，汁多，爽口，果皮薄，易剥离。储藏性较强，一般在 6 月上旬成熟。

二、种植条件

枇杷为亚热带常绿果树，对环境条件的适应性较强。枇杷较耐寒，一般年平均气温在 12℃ 以上、冬季最低气温不低于 -5℃、幼果期温度不低于 -3℃ 的地方均可栽培。实验证明，在北方冬季，日光温室若保温良好，棚内温度可保持在 5℃ 以上，对枇杷开花坐果不会产生不良影响。种植枇杷的土壤以土层深厚、肥沃的砾质壤土或沙质壤土为最好。枇杷不耐涝，穴植易积水而致烂根，栽植时宜起垄栽植。枇杷幼苗喜散射光，幼苗定植后在光照强烈时可搭遮阳网遮荫。成年树要求光照充足，以利于花芽分化、果实发育、着色和提早成熟，但是枇杷的树干受烈日直射易造成灼伤，在果实由绿转黄时，日光直射也易引起日灼，因此必须适当密植，并在棚膜拆掉后的夏季搭遮阳网遮荫。

三、繁殖方法

枇杷种子没有休眠期，果实成熟后，种子自果实中取出，洗净后即可播种。枇杷种子播种后约一个月发芽。将第一年 5 月初播种产生的幼苗于当年 10 月底移入温室，温室温度控制在 20 ~ 30℃，经常保持土壤湿润，忌过湿，15d 追一次肥，用 0. 10% ~0. 15% 的尿素加 0. 15% 的磷酸二氢钾水溶液淋施。第二年 3 月测量砧木粗度，同时在温室内嫁接，成活后生长一年为成苗。枇杷目前以嫁接苗为主。

四、栽培管理

1. 定植

采取密植栽植方式，南北行向，行株距为 2m ×3m。定植前 2 个月挖长 × 宽 × 深为 60cm ×60cm ×50cm 的定植沟，每株施腐熟有机肥 40kg，与表土混匀填入沟内，整理成长 × 宽 × 高为 60cm ×60cm ×30cm 的定填树盘，保证苗木定植后根部不积水。选择品种纯正、无病虫、叶色浓绿、根系完好、高度 80cm 以上、苗干基径粗 0. 9cm 以上、嫁接口愈合良好的两年生嫁接苗，在春天的晴朗天气定植。定植时边培土边压实，深度以苗木根颈部位略高于地面为宜，如栽得太深，不仅影响其生长，而且容易感染烂脚病。栽后要浇足定根水，而且要浇透，干后 10d 再浇一次定根水。还应预备相当于总定植苗数 10% 的苗木进行假植，以便及时补苗。

2. 温度管理

北京地区，11 月初温室扣棚，11 月下旬加温，3 月底停止加温，5 月中旬将棚膜去掉。温室内枇杷花期为 10—11 月，较南方花期提前 2 个月左右，花期昼温要求 15 ~25℃，夜温 10 ~15℃，最低温度不低于 10℃，否则花粉易发育不良；12 月至翌年 1 月为幼果期，要求昼温 15 ~25℃，夜温 10 ~14℃；2—3 月为果实膨大期，要求昼温 18 ~28℃，夜温 12 ~15℃。晴好天气注意温度不宜过高，应及时通风换气，确保温室内温度不要超过 30℃。

3. 肥水管理

枇杷无休眠期，每年抽梢 3 ~5 次，生长量大，需肥量大。幼树采用薄肥勤施的方式，2 个月左右施肥 1 次，每年施肥 5 ~6 次，每次株施 10 ~15kg 腐熟圈肥，或每次株施（氮肥∶磷肥∶钾肥＝15∶15∶15）复合肥0.25～0.30kg。成年结果树全年施肥4次，每年7—8月施花前肥，株施1kg左右高浓度三元复合肥，以促进花器官的发育质量，施高浓度三元复合肥占总施肥量的1/5。每年11—12月施促果肥，株施腐熟圈肥约5kg、复合肥1kg、钙镁磷肥1kg、尿素0.5kg，施腐熟圈肥占总施肥量的1/3。翌年1月施壮果肥，以磷钾肥为主，株施约1kg，施磷钾肥占年施肥量的1/5。翌年3月施采后肥，株施30kg左右的腐熟圈肥，施以氮、磷为主的复合肥1kg，施复合肥占年施肥量的1/3。

温室枇杷浇水原则：随施肥随浇水，注意采果后浇透水，果实发育期和新梢生长期浇薄水，果实成熟期控水，以免发生裂果、果实品质下降和成熟期推迟等不良后果。

4. 花果管理

枇杷花期为3～4个月，生产上习惯于将枇杷花分为头花、二花和三花。头花果实生育期长，果形大，品质好，温室栽培枇杷主要保留头花，每穗留5～6个果。枇杷成年结果树的枝条成花容易，且单穗花量大。为丰富产量优化产品，从花蕾幼穗显露至开花前应及早疏花穗，去强留弱，一个结果母枝保留1～2个花穗，其余疏除。树冠顶部要多疏，全树所留花穗60%～70%宜在树冠中下部。在花穗支轴分裂后，每穗留花30朵左右。疏蕾要整个花穗疏除，不可只疏一部分。疏果时先疏病虫果、畸形果，选留发育强壮、果形较长的幼果，在同一果穗中应疏去顶部和基部的，保留中部丰满、大小一致的果实。疏果后用（13～14）cm×20cm的专用纸袋套住整个果穗即可。应从上到下、从里到外套袋。套袋时，为便于通风，注意用手撑开袋口，使袋鼓起装套。

5. 整形修剪

生产上常用的树形，有疏散分层形和主干形。目前，广东、福建等主产区开始推广枇杷低冠矮化栽培技术，所采用的树形为“双层圆头形”。

（1）双层圆头形　为两层结构，层间相距50～80cm。主干高40～60cm。第一年，在苗木定干后，留4～5个主枝，向四面伸展，与主干成40°～50°；第二年，在适当位置，选留副主枝若干个，将主干截顶，使植株不再增高，形成中空的双层圆头形。3～4年后，即可形成树冠。成年定行后，树冠高度控制在2.5～3.0m，便于管理。这种树形，树冠较矮，便于操作。若通风透光较好，果实质量较高。由于枇杷生长势旺，每年在枇杷树中上部会萌发大量的枝条。因此，为了维持树形，促进结果，对双层圆头形枇杷树，每年需及时进行拉枝和回缩。

（2）疏散分层形　该树形一般有3～4层。各层主枝数，自下而上为3－2－1式或3－2－1－1式，共有主枝6～7个。在主干高度30～60cm处，选留第一层主枝。第一层与第二层主枝的层间距应较大，为1.0～1.2m。其后各层主枝的层间距稍有缩短。主枝上配备副主枝3～4个，错开排列。上层主枝的副主枝数，比下层主枝的副主枝数逐渐减少。各主枝上的副主枝排列方向要一致。第一副主枝离主枝基部40～60cm，以上各副主枝间的距离逐步缩短。各层主枝也要错开，以免荫蔽过重。最上一层的主枝选定后，将主干顶部的直立枝去掉，使树不再长高。这种树形成型容易，树势缓和，产量较高；但主枝数较多，在日照少的地区，通风透光较差，影响果实的品质。

（3）主干形　没有明显的层次，不从一个地方长出几个主枝，所有的主枝逐年配置在不同的高度上。在主干高40～60cm处留一主枝，将其余枝条摘心，拉平，培养成辅养枝，过分密集的可以抹芽疏除。中央主干向上延伸后，往上30～40cm处留第二主枝，方位在第一主枝的对面。再往上继续留第三、第四主枝，间距仍是30～40cm，方位分别在第一、第二主枝之间，使得四个主枝正好形成“十”字形。上面如继续配备主枝，其方位最好在下面主枝的空当处。全树共留5～7个主枝，上面各主枝的间距略短，各主枝配备副主枝，并培养为枝组。该树形在定植后4～5年基本形成。

（4）开心形　枇杷苗木定植后，在主干发出的第一轮枝中离地面30～40cm处，选4～5个枝作为未来的主枝及候补主枝，去掉中心枝。各主枝间的距离应尽量拉开，不要集中在一点。如第一轮发枝少，选不出三个主枝，则应暂时保留中心枝，待以后在第二轮发枝中选留。主枝上配备副主枝。主枝间的平衡依靠调整枝条角度来解决。对过于旺盛的主枝，要将角度放大；对衰弱的主枝，则应将角度缩小。以后，只选择其中3～4个作为主枝。此树形适宜于干性较弱、树姿开张的品种，如大五星品种等。这种树形主枝少，结果枝多，产量较高；通风透光好，果实品质佳；而且树形较矮，便于作业。

五、病虫害防治

枇杷的病虫害较少，易发生的病害有日灼病和叶尖焦枯病，应利用遮阳网等设施来避免日灼病。主要虫害有红蜘蛛、蚜虫等，选用阿维菌素等生物药进行防治，生产中注意交替用药，以防害虫产生抗药性。

六、采收

不同的品种应分别进行采收。同一果穗的果实，成熟期不一致，需分别采收，采熟留青。由于枇杷为无呼吸跃变型植物，故无后熟作用。因此，应在果实着色充分、品质最佳时采收。供储运及加工的果实，可在基本完熟时

（约八九成熟）采收，此时果实着色充分，较坚实。适宜的采收时间应在温度较低的上午、下午或阴天时进行，绝不能在下雨天或高温烈日下采收。采收时必须轻拿、轻放，采时不要用手捏果体，手持果柄用剪刀剪平，果柄切口要平，采一个放一个。尽量避免擦伤果皮表面的绒毛，更不能弄伤果实，以免影响储藏。

采后要进行预冷处理，即把采摘好的枇杷果实在24h内降温到0℃左右，这样可以降低果体的温度，释放果实体内的田间热，利于保存，然后分级包装。

第七节　莲雾

莲雾［*Syzygium Samarangense*（Bi）MerretPerry］又名洋蒲桃，因平放像莲台、吊挂像铃铛而得名。“莲雾”是在我国台湾地区的称呼，我国大陆多称之为“洋蒲桃”。属桃金娘科，为热带亚热带常绿果树，原产于印度和马来西亚，现在我国海南、广东、广西、福建南部地区也有栽培。果实具有特殊的芳香，清脆可口，品质极佳，形状独特。

一、品种

莲雾根据果实颜色可分为深红、淡红、粉红、绿色和白色等种类。近年来北方引种试栽，“黑珍珠”“黑金刚”在温室中表现较好。

黑珍珠：树形开张，枝粗，叶大而厚，叶长21～25cm，叶色浓绿。果淡红色或深红紫色，一般纵径和横径相近，果径约6.4cm，果顶宽约6.2cm；吊钟形，平均单果重约97g；平均含可溶性固形物10%左右，最高可达19%。该品种易催花挂果，较丰产，产量可达60t/hm^2。

黑金刚：泰国黑金刚超甜莲雾是近年来泰国专家培育的优质莲雾新品种。该品种果实呈长吊钟状，无核，果实特大，单果重达200g。果实成熟时呈暗红色，皮色光滑，色泽鲜艳，果形美观。果肉汁多味美，含糖13%～16%，特别爽脆，清甜可口，百吃不腻。

二、种植条件

1. 光照

作为热带水果的莲雾果喜欢充足的阳光。充足的阳光可促进其枝条的生长和营养的积累，长日照有利于莲雾果开花；全年日照时数在2000～2500h的莲雾营养好，养分积累多，品质优且丰产。

2. 温度

莲雾作为热带果树，对温度要求较高。生育期最适温度为 25～30℃，冬季温度不应低于 10℃，否则会发生冻害现象。

3. 水分

莲雾喜土壤湿润，忌积水又怕干旱。莲雾对水分要求高，周年均需有充足的水分供应。莲雾喜多湿的气候，提高空气湿度可促进其开花结果。

4. 土壤

莲雾对土壤的要求不高，沙土、黏土、微酸或微碱性土壤均可。北戴河集发农业观光园地处沿海地区，土壤 pH 7.5～8.0，呈碱性，栽培莲雾一年多来发现其生长良好，单果重均能达到 100g。这说明莲雾对土壤的适应性很强。

三、繁殖方法

莲雾繁殖有 3 种方法，即压条、扦插、嫁接。压条要选 3 年生生长健壮的枝条，在每年 6—8 月高温多湿雨季进行压条。扦插选直径约 3cm 的枝条环状剥皮后，用湿润土壤与杂草切碎混合的泥团包扎，上下两端用塑料绳紧缚。1 个月后有新根在剥皮处上端长出，3 个月后就可移植。目前，莲雾以嫁接繁殖为主。嫁接繁殖是以直径 1cm 左右的实生苗作砧木，以黑珍珠、黑金刚莲雾 1～3 年生充实枝条作接穗，一年四季都可嫁接，但春季嫁接成活率较高。

四、栽培管理

1. 定植

北方温室栽植莲雾一般在南方定购苗木，在春季 3—4 月和秋季 9—10 月定植。春季定植在土壤解冻后进行。株行距为 2m×3m 或 3m×4m，每 667m^2 种植株数 55～111 株。外调种苗栽植前，先置于阴棚下或阴凉处充分浇水，经 5～7d 恢复后再进行栽植。

2. 温度

因莲雾生长最适温度为 25～30℃，冬季棚内最低温度应保持在 10℃以上，以利于生长和花芽分化。花期棚内温度应不高于 28℃。

3. 浇水

莲雾根系分布比较浅，喜湿润，既忌积水又怕干旱。因此，首先应设好排水沟，防止棚内积水，其次应及时松土，以保持土壤中的含水量。

4. 施肥

有机肥和无机肥相结合，土壤施肥与根外施肥相结合，重视微量元素肥分的补给。

（1）基肥　新栽植时，每栽植穴施腐熟有机肥（农家肥）20～30kg、过磷酸钙1kg、钾肥1.5kg、微肥0.5kg。

（2）追肥　新栽树以薄肥勤施为原则。

促梢壮梢催花肥：2—3月施用，每株施复合肥0.2～0.3kg、尿素0.1kg、腐熟人畜肥10～20kg。

花前肥：以磷钾肥为主，每株施磷肥0.2kg、钾肥0.3kg，具体施肥量根据树体大小而定。

促果壮果肥：在6月以后果实快速膨大期施用，应多施钾肥，每株施钾肥0.3kg、尿素0.1kg。

催熟肥与采后肥：于果实成熟前施用，每株施尿素0.1～0.2kg。

（3）根外施肥　生长季节每10～15d喷施一次0.1%～0.2%磷酸二氢钾+0.1%尿素，连喷三次；花期施用0.2%磷酸二氢钾+0.1%尿素+0.1%硼肥，提高坐果率；花芽分化期施用0.3%磷酸二氢钾+0.2%尿素+0.1%硼肥，促进花芽分化。

5. 疏果、防落果

莲雾结果过多时应考虑进行酌量疏果，以促使果形美观、肥大和均匀。莲雾开花多，坐果也多，应及时进行疏花疏果，选留良好结果部位，促果实增大，提高产品品质。花穗的保留位置应该分布均匀，疏花蔬果后，每花穗保留4～6个发育正常的果实。开花结果期要适当控制抽梢，随时抹芽和摘心，避免枝梢的生长与其开花结果争夺养分。开花后20d进行果实套袋。7—8月果实成熟时，棚内不能积水，以免引起落果。

6. 整形修剪

（1）幼树修剪　主要通过修剪来培养形成圆伞形树冠。选3～4个分布均匀的枝条作主枝，营造侧枝分布均匀的圆伞形树冠。

（2）大树修剪　春季修剪最佳时期为3月左右。结果期修剪时期为7—8月，在正结果期间或结果后进行。主要短截内膛枝，一般保留2～3cm粗的枝桩，作为下一结果枝。冬季修剪时期为10月至入冬，所有的新梢全部剪掉，以储备充足的养分供越冬需要。

五、病虫害防治

1. 主要病害及其防治

主要病害有叶斑病、炭疽病、果腐病。

（1）主要采用“预防为主，综合防治”的植保方针，提倡生态防治。

（2）药物防治　50%多菌灵800倍液，或75%甲基托布津800～1000倍液。

2. 主要虫害及防治

主要虫害有毒蛾、介壳虫、金龟子、红蜘蛛等。

（1）机械防治　将过密的枝条适当疏除，使树冠内通风透光，减少虫害发生。

（2）药物防治。

介壳虫：速扑蚧杀1000～2000倍液。

红蜘蛛：阿维菌素2000倍液、红白螨死3000～4000倍液、利劈螨1500～3000倍液等。

六、采收

莲雾果成熟时，果实硕大，果皮薄，不耐储藏，一般在室温下只能储存一周，采收包装后宜立即送往市场出售。莲雾以鲜果生食为主，也可盐渍、糖渍、制罐、脱水蜜饯或制成果汁等。

第八节　台湾青枣

台湾青枣（*Zizyphus mauritians* Lan）是由我国台湾地区育种专家从印度枣中选育出来的，属热带亚热带速生小乔木，鼠李科，枣属，主产我国台湾地区，福建、广东、广西、海南、云南等地也有栽培。北方设施栽培，成熟期正逢元旦、春节期间的果品销售旺季，市场需求量大，售价高，具有广阔的市场前景。

台湾青枣除适宜鲜食生产外，还适宜加工为果酒、果汁、果酱、果脯等。同时，因其独特的株型和奇特的果实，又是制作盆景、观光采摘的好品种，具有极高的观赏价值。台湾青枣是北方农业科技观光园、生态绿色餐厅，尤其冬季观光采摘不可多得的优良观赏树种，台湾青枣的北方种植是日光温室内种植结构优化调整的好项目。

一、品种

台湾青枣的品种很多，如高朗1号、碧云、黄冠、特龙、金龙、肉龙、世纪枣、新世纪、玉冠、中甲种、阿莲圆种、红云种、福枣、五千种等。

北方温室的台湾青枣栽培，要注意选用抗低温能力强、喜干燥气候的品种。根据近几年北京及周边地区温室栽培台湾青枣的经验，各地可以根据具体情况选择高朗1号、五千种等品种。

高朗1号：果实呈长卵形，果顶较尖，果形大，单果重100~150g，最大果重200g。果皮光滑，初为深绿，成熟后为黄绿色，外观美。果肉纯白色，肉质清脆，浓甜多汁，无酸无涩，核小。耐藏性好，完熟或储放后果肉不变软，鲜食品质最佳。

五千种：果个大，外观好，椭圆形，汁多肉脆，无酸涩味，但甜味较淡，耐藏性差，鲜食品质中上。

二、种植条件

种植台湾青枣的温室应选择建设在地势平坦开阔、排灌方便、地下水位低、土壤肥沃疏松、光照充足、背风的地块。在北方地区，温室内冬季最冷月最低温度应保持在8℃以上。台湾青枣根系发达，抗旱能力强，但水分充足可使植株生长健壮，结果良好。台湾青枣怕涝，在地下水位高、积水严重的地块树体生长缓慢，甚至会烂根死苗。台湾青枣对土壤的要求不高，在微碱性的黏土、石砾土、沙土、壤土等多种土壤类型中都能生长，但以排水良好、pH 6.0~6.5、土层深厚、疏松肥沃的砂土或壤土上栽培为好。台湾青枣为阳性树种，不耐阴湿，喜光照，在通风透气环境中生产快、花果多、果实品质好。

三、繁殖方法

台湾青枣繁殖可采用种子繁殖及扦插、分株、嫁接等方法，生产上普遍采用嫁接繁殖的方法育苗。

1. 砧木的培育

用毛叶枣野生种（俗称酸枣）的种子播种生长出的植株作砧木。作砧木的种子一般在冬春季的1—3月份播种，播种前最好能浸种或敲破种壳，以促进种子发芽，提高种子发芽率。

（1）浸种方法　60~70℃温水浸泡6h，并尽量拌搅种子，使热气散发并给种子提供氧气，待自然冷却后换清水浸24h。浸种处理可起到消毒、杀菌和使种子吸水的作用。在浸种过程中，在水中加入1%的尿素或1000~2000mg/L的矮壮素（CCC），效果会更好。

（2）破壳方法　用清水将种子清洗干净，然后敲破种壳。

（3）播种　在阴凉、通风、排水良好的地方起沙床，宽1m，沙厚5cm。播种采用条插，行距10cm，再覆盖1cm厚的细沙，然后用黑色遮阳网搭棚遮荫。

(4) 营养袋育苗 当幼苗有2片真叶、第3片真叶将要抽出时开始移植至营养袋育苗。营养土按砂土60份、土杂肥35份、复合肥2份、过磷酸钙3份的比例配制，配制时每100kg营养土拌搅1kg石灰，并用50mL福尔马林兑水10kg喷洒灭菌。选用直径20cm、高度25cm的塑料育苗袋。幼苗移植前要浆根及剪叶，移植后用5%左右的黑色遮阳网作荫棚。当苗高30~40cm、茎粗0.4~0.5cm时，即可用作砧木。

2. 嫁接苗的培育

(1) 接穗的选择 选择生长健壮、无病虫害的植株作为母株，从母株上选取生长充实、腋芽充实饱满、1年生的健壮枝条。在剪离母株前1周疏去接穗所有叶片，接穗采后，用50%多菌灵可湿性粉剂1000倍液浸湿晾干后备用。

(2) 嫁接 嫁接最佳温度为20~30℃，嫁接适宜时期为4—6月，以5月份最好。采用切接法或短枝腹接法均可。

四、栽培管理

1. 定植

定植密度：株行距为2m×2m，667m^2栽167株。

定植前先挖植树坑，坑深60cm，坑宽80cm。沟挖好后晒半个月，每坑施有机肥80~100kg、腐熟饼肥4~6kg、磷肥2~3kg，及硫酸镁、硫酸锌等适量。肥料与表土拌匀后回填，回填厚度30cm，再回填所有剩余土，修成宽1m畦面后，灌大水沉实。水渗干后，做高于地面10cm左右的高畦，待栽植。当温室内地温稳定在15℃左右时，于傍晚定植。

定植前苗木用多菌灵可湿性粉剂或硫磺胶悬剂等消毒，裸根苗定植前根系要蘸黄泥浆。定植时，先在土墩中间挖好浅穴，放入苗木，再用细土培根，由外向主干逐渐压实，使根系和土壤充分接触。埋土至根头部即可。然后浇足定根水，盖地膜保湿。定植后，要经常浇水保湿，防止干旱死苗，发现死苗应及时补栽。

定植时，搭配10%其他品种作授粉树，可提高坐果率。

2. 施肥

台湾青枣根系多，生长量大，需肥量大。除栽植时施足底肥外，每年果实采收、主干更新后（即2—3月份）都要施有机肥。在定植沟外开深30~40cm、宽20cm左右环沟或条沟，每沟施腐熟粪肥30~40kg、复合肥0.5~1.0kg、过磷酸钙11.5kg。

为及时补充营养，还需要及时追肥。当幼树在定植后或2年生树主干新梢长出、叶片开始转绿时进行第一次追肥，每株追施三元复合肥5kg。6月中旬至10月下旬为花期，这个期间每15d追一次肥，每株沟施三元素复合肥150g和硫酸镁50g；此期间每月还要喷一次500～600倍青枣专用肥“促丰宝”，每10d喷1次0.2%尿素、0.2%磷酸二氢钾和0.2%硼砂。待第一批枣直径达1.5cm时，施壮果肥，每株施三元复合肥250g和硫酸钾50g，施后淋水。11月初至翌年2月底为果实成熟期，每株施三元素复合肥150g和硫酸钾100g，施后浇水，待水渗后覆地膜，以提高地温、降低棚内空气湿度，减少病害发生。

3. 灌水

台湾青枣需水量大，但又忌积水。4—6月是新梢生长的关键时期，土壤以保持湿润为好。结合追肥，根据土壤及空气湿度，每12～15d浇水1次，但不要灌大水，以免沤根。此时温室的棚膜不撤为好，保持相对湿度在80%以上。

7—9月为花期至幼果期，表层土壤不宜灌水，宜保持一定的干燥度。但如果土壤表层出现干旱而有裂纹，可轻度浇水，以利于开花坐果。

10—11月果实开始膨大后，应2～3d浇1次“过蹚水”，保持土壤湿润，促进果实增大和品质改善。

12月至翌年2月是果实大量采收期，空气的相对湿度应控制在80%以下。控制方法一是通风排湿，二是地面覆盖地膜。土壤宜保持适度干燥，以利于果实糖分积累，提高果实品质及耐储性。

4. 温湿度控制

在北方温室栽培台湾青枣，温度是最关键的因素之一。台湾青枣在全年生长中无休眠期，对低温相当敏感。4—6月新梢生长期温度为15～35℃，7—9月花期至幼果期温度为25～30℃，10—11月果实膨大期温度为10～35℃，12月至翌年2月果实集中采收期温度为8～35℃。冬春季利用温室的升温隔热性能，使棚内气温白天稳定在25℃以上，在35℃以内温度越高越好，土壤温度应稳定在20℃以上。扣棚期间，棚内空气相对湿度大，枣树易发病，因此，一定要做好排湿工作：一是地面覆盖地膜；二是每天揭棚通风换气、调节温度，揭棚时间以中午前后为宜。

5. 整形修剪

由于台湾青枣对光照要求高，针对其喜光及温室内空间小的特点，采用一边倒、双鱼刺整形方式。在新梢生长初期（4—5月），选择2条健壮新梢为主枝，分别用竹杆向东北、西北方向引绑，使其与地面成60°。新植树嫁接口以下的芽及主枝上60cm以下萌发的2次枝一律剪除；为促进二次枝生长，当主枝长到150cm时摘心，每延长米主枝留7～8个位置在东西两侧、均匀分布、平斜生长的中庸健壮二次枝（呈鱼刺形）。每条二次枝上可留3～5条平斜生长的三次结果枝；结果枝纤细，一般呈水平或下垂式生长。三次结果枝为青枣的主要结果部位。

台湾青枣枝梢多、生长快。一般在6月开始进行枝梢修剪，剪除直立枝、纤细枝、交叉枝、下垂枝、拖地枝、过密枝、徒长枝和病虫枝。到11月，为避免花果过多影响前期果实膨大和品质，可将枝梢末端幼果连花穗一并剪除。台湾青枣枝条较软，必须在结果后进行吊枝，使枝条平斜向上生长。青枣的发芽能力强，一般生长一年或一季后，在其二次枝、三次枝的附近可萌发20多个芽。为防树势衰弱或枯顶现象的发生，在修剪上可利用这部分芽更新二次枝、三次枝，第三、四级分枝是主要结果枝。大量挂果的末级枝在果实发育时一般不再萌发新梢，不继续形成下一级分枝。

每年3月回缩修剪的植株，经过5个月的生长，一般在层次上可形成3～4级分枝。结果树采收后若不回缩修剪，则会在上年的主干或主枝上萌发出2～3m长的发育枝，其上继续形成分枝，自然更新原有枝组，造成树冠零乱、荫蔽。而上年结果枝一部分会自然脱落，一部分则从基上抽出短而纤细的枝梢，形成内膛结果枝。基于这一特性，台湾青枣在早春采果后一般应保留骨干主枝，回缩所有二次枝，留1～2cm，重新萌发培养二次枝、三次枝。

台湾青枣的二级分枝为结果母枝，其在抽生过程中叶腋间开花、结果，并抽生三次枝（结果枝）。结果枝结果后干枯脱落，又抽生出新的结果枝，供下季结果。一般结果母枝1～2年内结果能力强，以后逐渐减弱。在同一树冠内，要不断补充新的二次枝，才能正常结果。若不更新，抽生的结果枝细弱，使产量下降。结果枝抽生于枝干中部的结果能力强，抽生于上、下部的结果能力较差。

6. 花果管理

台湾青枣具有花芽当年分化、持续时间长、分化快、连续分化的特性。花量大，花果同枝，一年可多次开花结果。花芽分化与新梢生长同步进行，花芽分化期5～8d。台湾青枣定植后70d即能开花结果，春季栽植的树当年冬、翌年春即可收获果实。在北方日光温室栽培的台湾青枣，除冬季采果、3月回缩修剪换叶期外，一年四季均可开花，但不同时期开的花，其坐果能力不同。台湾青枣在每年的4—6月基本上只开花不结果；7—8月开花但坐果率低，果实在11—12月有少量成熟；9—10月开花的植株坐果率高，果实在12月大量成熟；12月少量开花的植株，鲜见结果。台湾青枣花的开放为昼开型，6—8时初开，8—11时盛开，12时后很少裂蕾。台湾青枣为虫媒花，传粉昆虫以蝇类、蜜蜂为主，授粉过程一般在开花当天完成。果实生长型为核果类典型的单“S”形，授粉后5周内果实体积增大较快以后果实体积增大速度逐渐缓慢，成熟前3周左右又有短暂的加快期。果实发育期的长短因品种而异。

7—8月可采用在树盘间放鸡粪或树上挂臭鱼等方法诱集苍蝇授粉，花期最佳授粉温度为20℃，8月底必须扣棚膜，9月上旬开始晚上覆草苫保温，9—10月正值大青枣开花盛期，一般不宜追施氮肥，不宜浇水过量，否则容易引起落花落果。盛花期亦不宜喷洒农药，万一用药，药量浓度减半。花期喷施1次0.1%的硼砂液，保花保果；可借用蜜蜂授粉，以促进坐果。

台湾青枣每个叶腋着生一个花序，每个花序开花5～10朵，可自然挂果3～5个，如任其自然坐果，会严重减小果的大小。为了促进果实的发育，提高果实的品质，必须对植株进行疏花疏果。疏花疏果可分2次进行。第一次疏果在开花后始见果时，每隔一片叶留一个果实，其余的除掉；第二次等到果长至手指头大小时，每三片叶留一个果，其余的剪掉。一般选留生长朝下的果，朝上长的果长大后重心向下，易脱落。壮枝2节留1个果，弱枝3～4节留1个果，疏掉病虫果、小果和畸形果。

五、病虫害防治

台湾青枣病虫害极少，在温室栽培条件下需注意防治白粉病、根腐病、轮斑病和黑斑病。

1. 主要病害及其防治

（1）白粉病　主要危害叶片和果实。4—6月和9—11月为植株发病高峰期，应控制湿度，并用50%多菌灵600倍液、5%菌毒清500倍或25%粉锈宁2500倍液防治。

（2）根腐病　多发生在4—5月。发病初期叶片白天萎蔫，早晚又能恢复，随病情发展叶片枯萎，根茎表皮变褐、腐烂，露出木质部。在发病初期用50%多菌灵600倍液、5%菌毒清300倍液或70%代森锰锌800倍液5～7d喷施一次，连喷2～3次。去除病根要用甲基托布津、五氯酚钠稀释液灌根。

（3）轮斑病　主要危害叶片。7—9月开始发生，一般延至11月，会造成叶片黄化、脱落。可以摘除病叶，并用三环唑、甲基托布津、多菌灵可湿性粉剂喷施防治。

（4）黑斑病　主要症状是叶片背面先产生零星黑色小斑点，之后小斑逐渐扩大，形成圆形或不规则形黑斑，严重时病斑可联合成片，在叶片背面呈现煤烟状大黑斑，叶面则呈现黄褐色斑点。受害叶片呈卷曲或扭曲状，易脱落。病变从当年10月开始零星发生，翌年2—3月为发病高峰期，4月底至10月为病害衰退期。可用多菌灵、扑海因、代森锰锌、甲基托布津等防治。

2. 主要虫害及其防治

尺蠖、毛虫类6—9月份发生较多，可通过喷施杀螟硫磷、敌杀死等进行防治。螨类2—6月、10—12月发生较多，用螨死净、三氯杀螨醇、虫螨光等防治。

六、采收

台湾青枣果实成熟时果皮由青绿转淡绿或黄绿，果实外观饱满，皮变光滑、有光泽。台湾青枣花期长，收获期也长，果实成熟期不一致，因此要分批及时采收，熟一批收一批。果实若过熟不耐储运，且品质下降，肉质变松软；过青则没有甜味，品质差。采收时要注意小心轻放，避免果实受伤，影响商品价值。

第九节　百香果

百香果（*Passiflora edulia* Sims）又名西番莲、情人果，百香果科，属热带、亚热带特有水果，原产于南美洲巴西等地。它叶形奇特，花色鲜艳，四季常青，极具观赏价值。其果实为椭圆形浆果，单果重60～120g，果汁橙黄，馨香优美，具有芒果、石榴、柠檬等十多种水果的浓郁香味，风味独特，因此得名百香果。

一、品种

百香果主要栽培品系有黄果品系、紫果品系及紫红果品系三大类。

1. 黄果系列

黄果系列的枝条略呈紫色。果实球形，成熟果实为黄橙色，果长6～12cm，果径47cm，果皮厚0.31cm，果汁为黄橙色，风味佳，宜加工制汁。自交授粉坐果率低，需人工辅助授粉，抗茎基腐病，较不耐寒。

栽培品种主要有：夏威夷的Yee、Sevcik、Kapoho、UniversityRound、Pratt；巴西的Goias－Col；我国台湾地区选出的秘鲁圆形、泛美、维琪；我国大陆种植的有泰国种、澳A、澳B、华杨1号、华杨2号、华杨4号、华杨7号、杨黄、汕黄、圭亚那和华自等。

2. 紫果系列

紫香一号：果实近圆球形或卵圆形，平均纵径6.4cm，横径5.8cm，果形指数1.1，平均单果重65g；嫩果绿色，成熟果果皮紫红色，果皮厚度0.3～

0.6cm，稍硬；果肉（假种皮）为橙黄色，酸度低，香气浓，风味佳；既可鲜食，也可加工为果汁，果汁含量28%左右，可溶性固形物含量15%~16%；种子小而多，为黑色。果实成熟后会自然脱落，耐储运。

3. 紫红果系列

（1）紫星　幼果绿色，卵圆形，开花后17d长至最大果形，平均单果重50~60g，从开花至成熟需60~70d。成熟果果皮由紫色转为深紫色，果肉为黄色。紫星自花结实时，坐果率高达50%以上。紫星叶片全年浓绿，花形奇异、美丽芳香，耐寒性强（-5.3℃未见严重冻害）。鲜果鲜食风味怡人，果汁鲜美，浓香可口，但不耐长期储藏。

（2）台农一号　台农一号是我国台湾地区凤山热带园艺研究所用紫色种与黄色种杂交选育出来的一个优异品种，其风味浓郁、营养丰富、品质极佳、果个最大，是台湾最优良的百香果品种。

二、种植条件

1. 温度

百香果最适宜的生长温度为20~30℃，冬季温室内温度不应低于8℃。如果棚内冬季温度保持在15℃以上，百香果能正常开花结果；夏季温度超过30℃以上时，坐果率显著降低，甚至不开花不结果。

2. 光照

百香果喜欢充足阳光，长日照条件有利于百香果的开花。在年日照时数2300~2800h的地区，百香果营养生长好，养分积累多，枝蔓生长快，早结，丰产。

3. 湿度

适合百香果生长的最适相对湿度为60%~75%，开花时期棚内相对湿度应尽量保持在50%~65%。

4. 土壤

百香果适应性强，对土壤要求不严，偏酸或偏碱均可正常生长，以土层深厚、肥沃疏松、pH为5.5~6.5的沙质壤土为佳。

三、繁殖方法

1. 种子繁殖

一般采用育苗移栽法。百香果种子繁殖一年四季均可进行，多在春秋两季播种。选长势健壮、无病虫害、高产稳产的植株作为母株，选取果实性质良好、完全成熟的果实，取出种子，除渣后晾干即可播种。

播时1kg种子用多菌灵10～20g拌种20min左右，然后将种子均匀撒播在苗床上，盖一层薄草，淋足水。播后应据天气情况浇水，晴天每天早晚喷水一次，约半个月后苗开始出土。当出苗达80%以上时，及时追肥，可用稀水肥或稀尿素液泼浇以培育壮苗，待幼苗长出4片真叶时进行移栽。

2. 扦插繁殖

选择发育饱满、粗壮的半年生枝条进行插穗，插穗保留2～3个叶节，长度为10～15cm。在茎节下端0.5～1cm处削成45°斜角，然后用50mg/kg IBA浸泡10s后扦插。扦插基质可选择粗砂、草炭等，扦插后要使基质含水量保持在饱和含水量的50%～60%。插后20～30d即发根，成苗率可达80%以上。随后假植于塑料袋内，待恢复生长后，再定植于大田。

四、栽培管理

1. 定植

苗高25cm以上即可定植，定植后及时浇水，以后每隔10～15d浇一次水，常保土壤潮湿。

一般株行距为1.5m×2m或1.2m×1.5m即可，667m^2栽350或450株。定植后宜用地膜覆盖，以保温保湿，促使其快速生根。

2. 浇水

百香果为浅根系植物，喜湿润，既忌积水又怕干旱。首先应在温室内设好排水沟，防止棚内积水；浇水则应掌握见干见湿的原则，每7～10d浇水一次。

3. 施肥

（1）新栽植幼苗的施肥　前期以氮肥为主，磷钾肥为辅，以促进植株生长；定植后10～15d施人粪尿或0.3%～0.5%的尿素水，促进枝条生长，每隔10～20d施一次，株施腐熟人粪尿2.5～3kg，复合肥0.05kg，并且每15～20d叶面喷施0.1%尿素+0.2%磷酸二氢钾溶液，以促进植株加快生长。

（2）开花结果树的施肥　花前肥每月株施0.10～0.15kg的钾肥，0.1%尿素，促进花芽分化。

果实膨大肥适当增加氮肥的施用量，用来催果与增加口感，株施尿素0.15kg，钾肥0.2kg，具体施肥量随树体的大小而增减，并补充微量元素肥，喷施1%磷酸二氢钾+0.5%尿素+0.2%硼锌钙肥。

果后肥采摘后应及早及时补充营养，此次施肥主要以氮肥为主，株施

0.2kg 尿素。

（3）休眠期施肥　百香果虽属常绿树种，但冬季也有一段植株生长缓慢阶段，施肥的最佳时期为 11 月下旬至翌年 1 月中旬，此次施肥主要以腐熟的有机肥为主，株施 20～30kg 有机肥，尿素 0.5kg，磷肥 0.8～1.0kg，钾肥 1.2～1.5kg。

4. 花期管理

花期为从每年的 2、3 月开始开花直至 12 月。2—6 月开花，开花后 40～60d 果实成熟；7—8 月开的花需 60～80d 果实成熟；9 月开的花需要 80～90d 果实成熟；10 月或以后开的花则需要 90d 以上果实才能成熟。

（1）温度　冬季棚内温度应保持在 15℃ 以上，夏季棚内温度不应超过 30℃。

（2）湿度　开花季节，湿度不宜过大，空气湿度应保持在 50%～60%。

（3）浇水　掌握土壤见干见湿的原则，尽量控制水量，提高坐果率，避免因水量过大而引起落花落果现象。

（4）人工授粉　百香果每天上午 11 时左右开花，开花后应及时人工授粉，以提高结实率。人工授粉有毛笔授粉、人工抖动、人工增风等几种方法。

（5）喷施微量元素肥　喷施 1% 尿素 +2% 磷酸二氢钾 +0.5% 硼锌钙。

5. 整形修剪

百香果是藤本果树，需要搭架栽培，以便管理及采收。棚架的搭设有多种形式，目前以水平型棚架和单线篱式架为主。单线篱式架柱高 2.3m，在株与株之间树立，植入地下约 30cm，，每条柱拉 2 条 12 号线。

（1）上架幼苗恢复生长后，及时抹去侧芽，促使主蔓增粗，当主蔓长到 50～60cm 时，应设立支柱来引导上架。

（2）1～2 年生树的修剪　主要采用复式修剪法。当主蔓长到 70～80cm 时摘心，留侧蔓 2 个，分别上架，作为第一层主蔓；当植株长到 150～160cm 时，再分别从每个侧蔓上留出两个侧蔓，作为第二层主枝，分别牵引向反方向上架，形成双层四大枝蔓整形。此期间应将 80cm 以下和 80～160cm 的侧枝萌芽、萌枝全部疏除或抹掉。

（3）成年树修剪　为了防止棚面过于茂密，采果后要尽早修剪，但忌重剪。每年无须强剪，若过度修剪，易使主蔓逐渐枯萎，严重时会造成整株死亡。一般每批果采收后，每个侧蔓留 3～4 节进行短截，促其重新长出侧蔓，同时疏除过密的枝条，垂下地面的枝条在离地面 20～30cm 处剪除，以保持通风良好。冬季最后一批果实成熟且收获后，所有的结果枝都从基部重剪，留 3～6cm。

五、病虫害防治

1. 主要病害及其防治

主要病害有苗期猝倒病、疫病、花叶病毒病、茎基腐病等。

防治方法：

(1) 农业防治　选择干净土壤栽植，保持田间土壤含水量，防止积水，远离各种瓜类、茄果类蔬菜与香蕉，及时清除并烧毁病叶、病枝。

(2) 药物防治

苗期猝倒病：猝倒立枯灵 800 倍液、苗菌敌 800 ~ 1000 倍液。

疫病：世高 1000 ~ 2000 倍液、丙森锌 600 ~ 800 倍液。

花叶病毒病：小叶黄绝 1000 ~ 1500 倍液、病毒灵 1500 ~ 2000 倍液、菌毒毙 2000 ~ 2500 倍液。

茎基腐病：多菌灵 500 ~ 800 倍液。

2. 主要虫害及其防治

主要虫害有潜叶蝇、蓟马、螨类等。

防治方法：

潜叶蝇：斑潜皇 2500 ~ 3000 倍液、阿维菌素 3000 ~ 6000 倍液。

蓟马：喜讯 3000 倍液。

螨类：红白螨死 3000 ~ 4000 倍液、利劈螨 1500 ~ 3000 倍液。

六、采收

一般在落果前 10d 即果色变紫（紫种）、变黄（黄种）或变红（红种）且稍有香味时采收，也可以等果实成熟自然脱落后，从地上捡拾新鲜落果。

第十节　柠檬

柠檬（*Citrus limon*）又称柠果、洋柠檬、益母果，为芸香科柑橘属的常绿小乔木，原产东南亚。柠檬是世界上最有药用价值的水果之一，富含维生素 C、糖类、钙、磷、铁、维生素 B_1 和维生素 B_2，对人体十分有益。

一、品种

Eureka（尤力克）：又称油力克、油利加，果顶有明显的乳头状凸尖，果皮较粗糙，间有纵棱，皮厚，果肉甚酸。

Lisbon（里斯本）：果顶有较长的乳头状凸尖且常稍向一侧弯斜，果皮较光滑，果基也有较明显的颈部，果肉酸味甚浓。

Meyer（北京柠檬）：又称香柠檬、美华柠檬，是在北京丰台选育的品种，抗寒性强，果皮薄而甚光滑，果顶有短凸尖，果肉香气浓，但含酸较低。

Swingle：有专家认为它是柠檬与宽皮橘类的杂交种。其果皮呈柠檬黄色，甚粗糙，果顶有短的肉瘤状突起，果心大而空，种子少；生长快，抗旱、抗线虫能力强。国外用作砧木材料。

二、种植条件

柠檬性喜温暖，耐阴，怕热。北方温室种植，1月份室内温度要达到8℃以上，年日照时数要大于1200h。柠檬对土壤要求不高，但以土层深厚、疏松、含有机质丰富、保湿保肥力强、排水良好、地下水位低、pH在5.5～6.5的微酸性土壤为最好。

三、繁殖方法

柠檬的砧木，国外常用酸橙、粗柠檬和枳橙，最近证明用枳柚很好。国内多选用枳壳作砧木，也可用柑、橙、柠檬（土柠檬）、红橘作砧木，选择优良单株接穗。

嫁接方法：春季用单芽切接法，秋季用小芽复接法。

四、栽培管理

1. 定植

宜选土质疏松、肥沃、排水良好的地块建造温室，于秋、冬季按株行距3m×4m定栽植穴，667m^2约栽56株。每穴放入土杂肥、堆肥50kg，石灰0.5kg，混入过磷酸钙0.5kg，与表土混合施入坑内，最上层放充分腐熟的猪牛栏肥5～10kg。填回坑时，要高出地表20～30cm，做成0.8m的树盘。

温室内一年四季都可以栽植。一般柠檬定植期，分春植（2—3月）和秋植（9—10月）。应选阴天定植，浇足定根水后覆盖地膜用以保温保湿，之后经常浇水，以保持土壤湿润。

2. 肥水管理

幼树定植后第一年和第二年施用氮肥作追肥，促进树冠的形成，以后要控制氮肥的施加量，增加钙镁磷复合肥的施用。秋季施有机肥作基肥，结合生长定期根外追肥，以加强树体营养，促进花芽形成及开花着果。

柠檬结果树的施肥重点应放在谢花后至果实膨大期和秋梢抽发期。肥料可施腐熟麸肥或人粪尿，并结合生长情况经常追施尿素和磷钾肥。追肥采用薄肥多施的办法，即少量多次。

柠檬不耐旱，要及时淋水或灌溉。

3. 修剪

柠檬幼树生长旺盛，开花性强，并容易在枝条弯曲处和骨干枝上生出徒长枝，扰乱树形。因此，对柠檬的整形修剪需要用吊绳拉来支撑主枝，使副主枝不弯曲。经常抹除生于骨干枝上的萌芽。柠檬生长旺盛，在修剪时宜轻不宜重，多留枝叶，以树冠内能透入少量阳光为原则。春、夏、秋季主要对徒长枝条及时摘心或短截。在冬季主要以剪除病虫枝、枯枝及结果枝等为主。

4. 保花保果

柠檬具有旺长特性，对结果树可采用断根、控水、枝条环割等手段控制旺长。还可用多效唑500倍液在枝梢生长前期喷2~3次，抑制枝梢生长，或在9—10月秋梢老熟前喷洒，促进花芽形成。对结果树可在盛花期前20d施入腐熟麸肥水10~15kg和磷肥1~2kg；谢花3/4时和幼果出现后，应进行根外追肥，可用0.3%尿素+0.3%磷酸二氢钾或0.3%尿素+5~7mg/L的2,4-D溶液，每隔20d喷1次，连续喷施2~3次能明显提高坐果率。

五、病虫害防治

柠檬树的病害主要是柑橘流胶病，该病盛发于4—10月，在高温多湿的条件下最为猖獗。柑橘流胶病主要危害树干，也危害主枝。植株病部皮层变褐色，呈水渍状，常裂口和流胶，叶片黄化脱落，树势衰退。

防治方法：

（1）农业防治　注意防止棚内积水，降低棚内湿度；增施硼肥。清除病源的方法主要是早春结合修剪，剪除病虫枯枝，挖除死树集中烧毁，以减少植株病源。

（2）物理防治　火焰灼烧法，即用喷灯对准发病部位，从外缘向中央灼烧30~40s，直至腐烂部与相接的健康部分边缘不冒紫褐色的流胶。

（3）药剂防治

树干涂白：在流胶病盛发期的4月和9—11月，用石灰30kg、植物油0.25kg、食盐0.6kg、敌敌畏乳油0.25kg、硫黄粉0.5kg和水适量混合搅拌成糊状，涂于树干病部。

树冠喷药：在5月上中旬用50%敌敌畏1000倍液或90%敌百虫800倍液喷树冠及树干，防治吉丁虫危害与病菌侵入。

六、采收

柠檬果实的适宜采收时期为果皮颜色从深绿转为淡绿时，这既有利于储藏又能保持果实品质。也可以根据果汁含量进行判定，果汁含量达到30%是柠檬采收的最低标准。

采收时用果剪精细采收。为了减少机械伤应保留果梗，但应尽可能得短，以避免在运输时造成新的机械损伤。采收果实的同时应剔除病果、畸形果、伤果。腐烂的已经没有应用价值的果实应收集起来集中销毁。

第十一节 菠萝

菠萝［*Ananas comosus*（Linn）Merr］又名凤梨、玉梨或黄梨，原产于南美洲巴西、巴拉圭的亚马逊河流域一带，16世纪从巴西传入中国。菠萝为凤梨科凤梨属草本植物，是热带地区重要的水果，也是世界名果之一。由于菠萝喜高温多雨的气候条件，在种植上受一定气候条件的限制，我国仅在广东、广西、海南、福建等地种植。随着保护地栽培的发展，菠萝在北方地区也种植成功。

一、品种

适宜北方温室种植的菠萝品种如下。

菲选1号：株高约60cm，株形紧凑；叶绿色，花淡紫；果形端正，果色鲜黄，香味浓郁，酸甜适度，纤维少，质脆嫩，品质上等；抗性强，高产、稳产，适种性好；经济效益高，既适合鲜食又适宜罐藏，耐储运；单果重1300g左右，最大可达2500g。

巴厘：植株较小，但生长势强；果形端正，呈圆筒形或椭圆形以至稍呈圆锥形；果皮和果肉均呈金黄色，肉质爽脆，纤维少，风味香甜，品质上等；果体中等偏大，单果重750~1500g；最适宜鲜食。该品种适应性强，比较抗旱耐寒，且能高产稳产，果实也比较耐储运。

二、种植条件

菠萝在北方能否越冬是关键，最低温度应不低于15℃，因此北方应种植在温室内，通过加温和保温，保证菠萝的健壮生长。菠萝虽然对土壤有较广泛适宜性，但不宜栽植于中性或碱性土、黏性或无结构的粉沙土，应选择排水良好、土壤肥沃、土质深厚、疏松、透气、pH在5~6的微酸性砂壤土。

北方温室栽培需要进行土壤调酸处理，可按草炭：蛭石：表土 =5：3：2 配制营养土。

三、繁殖方法

菠萝采用无性繁殖方法育苗，最常用的是利用吸芽繁殖，也可用冠芽、裔芽等繁殖。

无性繁殖的菠萝苗，常发生多冠芽、鸡冠果、扇形果、多裔果、畸形果、不结果等各种不良的变异，故在繁殖采芽时，应注意母株的选择。主要是利用吸芽繁殖，冠芽利用的相对较少。

菠萝苗繁殖应选择土壤疏松、排水良好、土壤肥沃的地块，育苗地提前整地起畦，施下基肥后等待育苗。将采集来的芽按大小分级，以 5 ~ 10cm 的株行距假植。种植不宜过深，以利根叶伸展，待小苗长至 25cm 即可出圃供应定植。

四、栽培管理

1. 定植

定植前精细整地，施足基肥，每 667m^2 施土杂肥 5000kg 和氮、磷、钾含量大于 45% 的复合肥 80kg，全棚深翻 30cm 以上，肥料与土充分拌匀。为避免烧根，先浇水浸实，待土壤干皮后定植。栽植前将种苗基部的干枯叶片剥除，以利新根抽生。用刀切除木质化的老茎，伤口凉干 12d；干后栽植，苗心垂直向上，栽深 2 ~ 3cm，株行距为 25cm × 30cm；每 667m^2 栽 4000 ~ 5000 株，以南北行为宜。栽后浇透水，地面稍干后松土，并将喷雾器片拧下对准苗心冲水，以防泥土落入苗心，影响种苗生长。

2. 肥水管理

定植前施足基肥是获得速生高产的因素之一，同时要结合施速效肥作追肥。栽后一个月即可追肥，主要追施氮肥，667m^2 追施尿素 10 ~ 15kg，施后浇水。以后每月追施一次，共追施 3 次。前期主要促苗生长，以氮肥为主，后期以磷钾肥为主。

浇水依照“见干见湿”的原则，结合施肥进行。雨季注意排水，以防积水引起根腐或凋萎病的产生。

3. 促花

人工促花，可以缩短菠萝的生长期，提前收果，提高单位面积产量；可以使菠萝抽蕾一致，方便管理、采收、储运和加工；还可以控制菠萝的结果期，调节收获季节，分期分批采收，显著地提高菠萝的经济效益。

（1）以250～500μL/L的乙烯利溶液灌心，每株30～50mL。如果加入1%～2%的尿素和0.5%的硫酸钾，效果更好。

（2）将0.8～1.0g电石粉投入菠萝植株顶部的喇叭口中，然后加水30～50mL。

应该注意，凡实行人工催花的植株，一般应在16个月以上的株龄，株高33cm以上，叶数不少于30片，而且植株要生长健壮。

4. 苗木和果实管理

苗木在定植期或果实膨大期，要及时用稻草覆盖地面，以防止烈日直射引起苗木萎蔫和果实日烧病的发生，还可防止杂草滋生，保持土壤湿润疏松，增进土壤的团粒结构，改善生态环境，减少病果的产生，提高果实的产量和质量。期间还要注意中耕锄草，做到早除、勤除、除净。

当果实长到一定程度时应及时摘除果实的冠芽，以利果实发育。菠萝开花后，果实迅速膨大，必须及时摘除冠芽，并加强施肥管理和病虫害防治工作，以促使果实膨大，提高产量和改善品质。

具体管理技术措施是摘冠芽。在菠萝开花后20d左右，将菠萝果实顶部的冠芽摘去，用手轻轻扭动向下扳即可，不要伤及果实。这项措施要求在阴天进行，这样能减少无效养分的消耗，集中养分供应果实生长发育需要，使果实快速、充分膨大。

摘顶芽则要求在晴天上午进行，避免阴雨天封顶引起烂果现象。

果实封顶后，裔芽生长快，影响果实生长，也要及时摘除，注意分次摘除。一次摘除过多会导致伤口难以愈合，造成果柄萎缩，早熟减产。

在保证当年产量的同时，应注意选留及培养好更新芽，以保证来年结果。留新芽的原则是去弱留壮。分苗时，选留接近地面的粗壮的大吸芽作为第2年结果株，其余的摘除。若是双株留苗，分苗时应注意使保留的芽在母株中形成对称生长，不要集中一方，影响吸芽生长。

五、病虫害防治

菠萝在北方温室栽培中，可能发生的病害有心腐病、叶斑病等，虫害发生较少。心腐病发病初期可用50%多菌灵500倍液或托布津1000倍液防治，或用75%百菌清600倍液、40%乙磷铝可湿性粉剂200倍液喷雾。叶斑病在发病初期，可喷1%波尔多液保护，当病害转严重时，用甲基托布津、灭病威或百菌清等杀菌剂交替喷施。

六、采收

菠萝果实采收期的迟早因品种和栽培地区的气温不同而异。判断果实的成熟度可依果皮的颜色，或指弹听声。远距离运销应在果实七八成熟时（青熟期）采收，即果实基部 1 ~2 排小果开始转黄、果实由深青绿色变为黄绿色、白粉脱落呈现光泽、小果间隙裂缝呈现浅黄色、果肉开始软化、肉色由白变黄时为长途运输和长期储藏的适宜采收成熟度。如果是短运或鲜销，成熟度可略高些。

采收时用果刀收果。保留 2cm 的果柄，除去顶托芽。采收时间以早晨露水干后为宜。阴雨天不要采收，以免发生果腐病。采下后小心轻放，避免机械损伤。

第十二节　杨桃

杨桃（*Averrhoa carambola* L.）即阳桃，别名五敛子、洋桃、三廉子等，为酢浆草科阳桃属常绿小乔木，原产马来西亚、印度尼西亚，在我国广东、广西、福建等地区有栽培。杨桃是一种产于热带、亚热带的水果，具有非常高的营养价值。

一、品种

杨桃品种众多，其中马来西亚杨桃、美国杨桃因生长快、结果早、果形大、品质优而种植较多。

马来西亚甜杨桃：植株高大、生长快，结果率高，肉脆化、渣汁多、味甜，单果重 200 ~300g，果实长椭圆形，5 棱，果棱厚，可食率 96%，品质优、耐储运。

美国红杨桃：与马来西亚阳桃相似，树呈圆柱形，小叶稍硬脆，长叶粉红色，花序紫红色，单果重 150 ~250g，鲜食品质佳。

中国台湾蜜丝杨桃：一年可抽稍 5 ~6 次。在高温多雨季节，新梢生长无间歇期，表现为早结丰产。单果重 150 ~200g，肉质细嫩、多汁、清甜。

二、种植条件

杨桃喜高温湿润气候，不耐寒。在温度低于 15℃时幼苗停止生长，10℃以下受寒害，影响花芽分化、果实发育、产量和品质，15℃以上枝梢开始生长，开花期需 27℃以上温度。北方温室栽培要保证室内温度 27℃以上。华北一些地方温室栽植杨桃之所以失败，多因温度不达标所致。杨桃适应性广，对土壤的要求不严，以土层深厚、疏松肥沃、富含腐殖质的壤土栽培为宜，pH 5.5 ~6.5。阳桃性喜高温潮湿，怕霜害和干旱，久旱和干热风引起落花落果；开花期和幼果期喜半荫，忌强烈日照。

三、繁殖方法

杨桃可采用实生、压条、圈枝和嫁接等方法繁殖。最常用的方法是嫁接，嫁接可采取补片芽接、切接和劈接等方法，以春季（2—5 月）和秋季（9—10 月）为最适期。

嫁接先要培育砧木。可于 9—10 月选取果大、果形完整且充分成熟的酸杨桃果实，剖取饱满、形正的种子作种。剖取的种子经洗去外层胶质、稍为阴干后即可播种，也可保藏种子到次年立春后播种。秋播新鲜种子发芽率高，出苗整齐，可提前 1 年嫁接，但冬季要遮盖防寒。

播种苗床以疏松、肥沃的砂质壤土为好。播种后用稻草遮盖地面，注意浇水，保持土壤湿润，半个月左右即可出苗。苗高 10cm 左右时可分床假植，株行距为 23cm × 27cm。假植后 20d 左右可薄施 1∶5 的尿水，半个月施一次，以后浓度可逐渐加大到 1∶2。凡 30cm 以下的萌蘖均需抹除。当苗高 0.85 ~ 1m 时即可嫁接。

用嫁接苗木种植，以保持优良母性的品质。

四、栽培管理

1. 定植

杨桃一年四季均可栽植，栽植密度可选用 3m × 4m、3m × 5m 和 4m × 4m 三种方式。植前应挖大植穴，施足腐熟有机肥作基肥。栽植穴深、宽、深各 50cm。由于杨桃树干怕晒，在定植时宜用稻草包扎树干，包至树干能被树冠荫蔽处为止。

2. 整形修剪

（1）早期整形　以培养结构紧凑的圆头形树冠为主要目标。幼树定植后，在离地面 40 ~ 50cm 处剪顶，抽梢后留取 3 ~ 4 条分布均匀的主枝，待主枝 30 ~ 40cm 长时摘心，每枝留 2 ~ 3 个芽。由于杨桃抽梢和成枝能力强，以此为原则进行整形，随着枝梢级数的增加，春植后至次年年底即可形成丰产树冠。在整形过程中可用竹枝或细绳固定细弱枝，防止下垂，并可使主枝分布均匀。

（2）果期修剪　果期修剪宜轻不宜重，对中下部枝条应尽量保留，使其成层状排列，枝叶分布均匀，疏密适度。对青壮年结果树，宜去除霸王枝，疏除树冠上层部分营养枝以抑制生长，并注意逐年不同方位短截大拇指粗枝条，以保持强旺树势，保证每年的产量。对老弱树则可培养树冠上部枝条以荫蔽树干，并充分利用徒长枝填补树冠空位和更新老枝。修剪杨桃树冠内枝条（内膛枝）时，可留 1～2cm 的枝桩，使其结枝头果，增加当年产量。由于杨桃一般一年能抽 5～6 次梢，故修剪时期可安排在 3—4 月、6—7 月和 9—10 月，主要是剪除生长过旺的徒长枝、病虫枝、过密交叉枝、细弱枝和短截过度下垂枝。

杨桃周年连续开花多次结果，而且有树干结果习性。花序一般从一年至多年生枝上抽生，特别是 2～3 年生枝结果最好。每年 5—12 月抽 4～5 次花，果实从当年 7 月底至翌年 2 月陆续成熟。主要收果期有 3 次，分别为 7—8 月、9—10 月和 11—12 月。杨桃有两个落果高峰，一个在开花后至小果形成期，另一个在小果形成后 5～10d 的转蒂期。开花至成熟约 80d，谢花后 15d 果实迅速膨大，50d 稳定。杨桃修剪短截后留下的枝桩也能开花结果，因此在修剪内部荫生枝时一般不从基部剪除，而留 2cm 的枝桩。对某些品种如 B17，要配授粉树。

3. 施肥管理

（1）基肥　新植杨桃基肥在打穴时施用，每穴施腐熟禽畜粪肥 10～15kg、麸肥 1kg 和过磷酸钙 1kg。基肥需与泥土拌匀后回填，再将表土填回，且高出地面 20cm，以防积水。

结果树可在每年收完最后一次果整枝修剪后施用，每株施腐熟禽畜粪肥 15～20kg、麸肥 1.5kg 和过磷酸钙 1～1.5kg，在树冠滴水线周围挖环形沟施放。以后随树龄递增和结果量的增加，基肥施用量还要适当增加。

（2）追肥　幼龄树以勤施薄施为原则，每月施一次。待植株生长缓慢，停止施速效肥，每株约施腐熟禽畜粪肥或土杂肥 10kg。采用穴施，以增强树势和提高树体抗寒力。

结果树一般分 5 次进行追肥。

促梢壮梢催花肥：每株施复合肥 0.2～0.3kg、尿素 0.1kg 和腐熟人畜粪肥 10～20kg。

保果肥：果实拇指大小并开始转蒂下垂时施用，每株施腐熟有机肥（按过磷酸钙∶麸肥∶人粪尿＝1∶2∶100 沤制）25～30kg。

壮果促花肥：果实快速膨大期施用，种类和分量同保果肥。

促熟肥：于果实成熟前施用，每株施尿素 10～20g。

歇枝肥：果实收获以后施重肥，以有机质肥为主，为一年中的重点肥，应占全年施肥量的 25% 以上，对增强树势、提高第二年的产量有重要作用。

4. 排灌水管理

杨桃吸收根分布较浅，易受外界条件的影响，因此在干旱高温季节应及时灌溉，并用杂草覆盖树盘，保持土壤湿润，并降低土壤温度，以适应根系的正常生长。杨桃根系不耐水浸，长时间水浸会引致烂根、落叶落果，故要防止积水。

五、病虫害防治

1. 主要病害及其防治

(1) 炭疽病　杨桃炭疽病只危害果实，多发生于成熟期，伤口可诱致储藏运输期间发病。防治方法：彻底清除、深埋树上的病果、小果和地上的落果、烂果；采收、装运时要尽量减少果实损伤；发病严重时，小果期喷波尔多液（硫酸铜1kg、熟石灰1.2kg、水200kg）或600倍的氧氯化铜，每10～15d 1次，连喷2～3次。

(2) 赤斑病　赤斑病只危害叶片，受害叶片最初产生极细小黄点，后逐渐扩大呈圆形、半圆形或不整形，中部暗赤色或紫褐色，边缘赤色，斑外有黄色圈，最后中部变为灰褐色或灰白色，组织枯死，有的脱落成穿孔。防治方法：加强管理，增强树势，提高抗病力；清除病落叶集中烧毁，并翻耕土面；新叶初生时，喷0.5%波尔多液或600倍的氧氯化铜，7～10d一次，共2～3次。

2. 主要虫害及其防治

(1) 鸟羽蛾　幼虫危害花和幼果。因幼虫呈红色，又称红丝虫。主要食花朵，由于虫体小，肉眼仅可见，极易因忽视而造成严重危害；特别是繁殖极迅速，严重时可使花及幼果全部落光。防治方法：在开花前开始喷药，5～7d 1次，花期喷药3～5次，至幼果转蒂下垂才可停止。药剂可用90%敌百虫800倍液，着重喷花及幼果。

(2) 黑点褐卷叶蛾　黑点褐卷叶蛾以幼虫钻入果心蛀食果肉，俗称蛀心虫。严重时果实受害率达40%以上，引至落果或失去食用价值。防治方法：摘除并深埋已受害果实；用杀虫灯诱杀成虫；用90%敌百虫800倍液喷杀。

(3) 果实蝇　常用90%的敌百虫800倍液喷杀。在杨桃果实大拇指大小时进行套袋，可有效防治果实蝇的危害和防止机械伤，提高果实品质，增加商品价值。

六、采收

杨桃的采收成熟度是其保鲜成败的关键步骤之一。过早采收，果实尚未成熟，风味物质还没有形成，具有较重的涩味；过晚采收，其耐储性较差，极易腐烂。用于储藏及远销的杨桃，最好在七成熟时采收，这时的果实发育饱满，果皮由浅绿色变为浅黄色，果实细嫩，有透明感，水分多，无涩味。采收时要轻拿轻放，尽量减少机械损伤。采收后应迅速运至包装房内。

杨桃打蜡处理能够降低果实采后失重，延缓果实衰老变色。也可对杨桃进行浸钙处理，用5%～10%的氯化钙溶液浸泡或真空浸钙处理，能够显著地延长杨桃的采后寿命、提高好果率和降低失重率。

第十三节 柑橘

柑橘（*Citrus reticulata*）又称橘子，芸香科柑橘属的一种水果。柑橘原产中国，主要产自长江中下游和长江以南的福建、浙江、江西、湖南等地区。

柑橘颜色鲜艳，酸甜可口，一般呈橘黄色，也有青色和其他颜色，是人们生活中最常见的水果之一，果皮可入药。

一、品种

金橘：又称金枣、金柑。常绿灌木，高3m，果椭圆形或倒卵形，长2.5～3.5cm，金黄色。一株可以结10个以上的金黄小橘，很受欢迎。药用价值较高。

温州蜜橘：果实扁圆形，橙红色，横径约6cm，果面油胞凸出，果皮薄，果实皮色鲜艳，清甜多汁。本种果大、早熟、汁多、无核。

黄岩蜜橘：皮薄，平均厚0.11cm，橙黄色有光泽，油胞小而密，独特清香，润甜爽口，称橘中珍品。

二、种植条件

橘子稍耐荫，喜温暖湿润的气候，不耐寒。橘子生长发育要求12.5～37℃的温度，花芽分化要求昼夜温度分别为20℃左右和10℃左右，在气温低于－5℃时发生冻害。高温也不利于柑橘的生长发育，气温、土温高于37℃时，果实和根系停止生长。橘子是耐阴性较强的树种，但要优质丰产仍需好的日照。橘子树要求空气相对湿度以75%左右为宜。橘子对土壤的适应范围较广，以土壤质地疏松、结构良好、有机质含量2%～3%、排水良好、pH 5.5～6.5为宜。

三、繁殖方法

繁殖柑橘苗木的方法有实生、压条、扦插和嫁接等，但以嫁接法最优，应用较普遍。

柑橘的嫁接苗由接穗和砧木组合而成，常用的砧木有枳、酸橘、红橘、枸头橙、朱栾、香橙、本地早和酸柚等。

四、栽培管理

1. 定植

采用株距×行距=3m×4m 的密度进行栽植，667m^2植55~60株。

挖栽植穴，穴深、长、宽各80cm，然后填入优质农家肥50cm深，回填土40cm。栽植时将苗木的根系适度修剪后放入定植穴中央，舒展根系，扶正，边填土边轻轻向上提苗，踏实，使根系与土壤密切接触。浇足定根水，在树苗周围做1m 的树盘，用糠壳覆盖用于保墒。

2. 施肥

（1）施肥原则　充分满足柑橘对各种营养元素的需要，以有机肥为主，合理施用无机肥和配方肥料。

（2）施肥方法　以土壤施肥为主，配合叶面施肥。采用环状沟施、条沟施、穴施和土面撒肥等方法。

（3）施肥种类与数量　幼树施肥勤施薄施，以氮肥为主，配合施用磷、钾肥，春、夏、秋梢抽发期施肥5~6次，每次每株施碳铵0.2kg 或尿素0.1kg。

1~3年幼树单株年施纯氮100~400g，氮、磷、钾比例以1.0∶(0.4~0.5)∶1.0为宜。

成年树施好四次肥，即萌芽肥、保果肥、壮果肥、采果肥。施肥量一般为一株树萌芽肥：2kg 化肥+10kg 农家肥；保果肥：1kg 氮肥肥+1kg 磷钾肥；壮果肥：1kg 氮肥肥+1kg 磷钾肥；采果肥（基肥）：以有机肥为主，株施50kg 有机肥+1kg 化肥。

3. 浇水

土壤干旱时灌水，积水时排水。

4. 整形修剪

整形要求按自然开心形进行。干高20~40cm，主枝（3~4个枝）在主干上分布错落有致，分枝角为30°~50°，各主枝留副主枝2~3个。一般在第三主枝形成后，即将类中央干剪除扭向一边作结果枝组。

（1）幼树轻剪为主　选定类中央的延长枝和各主枝、副主枝延长枝后，对其进行中度甚至重度短截，并以短截程度和剪口芽方向调节各主枝之间生长的平衡。除对过密枝群做适当疏删外，内膛枝和树冠中下部较弱的枝梢一般应保留。

（2）初结果期继续选择短截处理各级骨干延长枝，抹除夏梢，促发健壮秋梢。果后对旺长树采用环割、断根、控水等促花措施。

（3）盛果期及时回缩结果枝组、落花结果枝组和衰退枝组，剪除挡光枝、枯枝、病虫枝。

五、病虫害防治

1. 主要病害及其防治

（1）炭疽病　加强栽培管理，防止偏施氮肥；春、夏梢抽发期和果实成熟前，可选用代森锰锌、松枝酸铜、代森锌、百菌清等喷布树冠，15d 左右喷一次，连续 3～4 次。

（2）脚腐病　及时排水，改善园内透光通风条件，加强对天牛和其他树干害虫的防治；刮除病斑后涂药，常用药剂有多菌灵、甲基托布津等。

2. 主要虫害及其防治

（1）螨类（柑橘红蜘蛛、四斑黄蜘蛛、锈壁虱）　开花前后和秋季是防治红蜘蛛的重点时期。常用药剂有噻螨酮、达螨灵、炔螨特、溴螨酯、双甲脒等，注意保护长须螨、钝螨、食螨瓢虫、日本方头甲和草蛉等天敌。

（2）蚧类（矢尖蚧、红蜡蚧、吹棉蚧等）　药物防治的重点时期是矢尖蚧处于第一代若虫期、红蜡蚧处于幼虫期、吹棉蚧处于幼虫盛发阶段和大量上梢为害时期（一般为 5 月上中旬至 6 月中旬）。常用药剂有阴噻嗪酮、杀扑磷、苦参碱 + 烟碱、乐斯本、机油乳剂等。注意改善园内通风透光条件；保护和利用日本方头甲、红点唇瓢虫、草蛉、黄金蚜小蜂、澳洲瓢虫、大红瓢虫等天敌。

（3）蚜虫　新梢被害率达 25%，应即时喷药防治。常用药剂有吡虫啉、叮虫脒、乐果、丁硫克威等。应注意保护七星瓢虫、大草蛉、食蚜蝇、蚜小蜂等，剪除越冬虫卵，减少害虫基数。

（4）潜叶蛾　防治的重点时期为夏、秋梢抽发期（7 月上中旬）。及时抹除零星抽发的夏秋梢，结合肥水管理，促使植株抽发的新梢健壮整齐。药剂防治：新梢抽发至 1～2cm 时喷药，7～10d 喷一次，连续 2～3 次。常用药剂有阿维菌素、杀螟丹、氯氰氰菊酯等。

（5）天牛类　晴天中午人工捕杀星天牛和绿橘天牛成虫，傍晚捕杀褐天牛成虫；及时削除虫卵、初孵幼虫和剪除被害枝梢；用棉花或棉纱浸湿乐果等杀虫剂原药后堵塞虫孔，再将虫孔用泥土封闭，以毒杀幼虫。

（6）花蕾蛆　现蕾时选用甲敌粉、二嗪农颗粒等加细土混匀后撒施于树盘土面，每 7d 一次，连续 2～3 次；当花蕾直径为 2～3mm 时（现白时）选用硫磷、敌百虫等喷树冠；尽早摘除受害花蕾，集中深埋；深翻园土，可消灭部分越冬害虫蛹。

六、采收

根据柑橘果实的成熟度、用途、市场需要等确定采收期。雨天及果面露水未干时不宜采果。采果者应戴手套，用圆头果剪将果实连同果柄一起剪下，再剪平果蒂，轻拿轻放。按从外到内、从上到下的顺序采摘果实。

第十四节　柚子

柚子（*Citrus maxima*）又名文旦、香栾、朱栾、内紫、雷柚、碌柚，是芸香科常绿乔木植物柚的成熟果实，有4000余年的栽培史，产于我国福建、江西、湖南、广东、广西等南方地区。当前除了中国有种植外，在东南亚许多国家和地区都有栽培，美国、古巴、南非、巴西、阿根廷以及日本也是柚子的主要产地。

柚子清香、酸甜、凉润，营养丰富，药用价值很高，是人们喜食的水果之一，也是医学界公认的最具食疗效果的水果。

一、品种

沙田柚：沙田柚（金柚）原产广西容县沙田。树势强健，果实梨形或葫芦形，单果重500～1500g，果肉脆嫩爽口，白色或虾肉色，风味浓甜，品质上等。

沙田柚的类型颇多，当前栽培的多为软枝和硬枝两个类型。

常山胡柚：常山胡柚起源于常山县青石乡胡家村，是优良的柚子自然杂交群体品种，树势强健，适应性广，耐粗放管理，抗寒性强，尤其是果实极耐储藏。

常山胡柚跻身于全国“名特优”水果行列，分别在1986年1月和1989年12月全国名特优橘评比中被评为全国优质农产品；1991年被农业部列为“绿色食品”；在第二届农业博览会上荣获金奖，在第三届农业博览会荣获“名牌产品”。

梁山柚：亦名“梁平柚”，原产重庆市梁平县（原四川省梁山县）。梁山柚与广西沙田柚、福建文旦柚并称为中国三大名柚。梁山柚果实硕大，芳香浓郁，汁多味甜，营养丰富，被称为“天然水果罐头”。

江永香柚：江永香柚是由中国水果流通协会认定的中华名果，在全国柚类科研生产协会上连续六次获得金杯奖，是全国第三届农业博览会名牌产品，也是上海科技节评选出的品牌产品。

琯溪蜜柚：琯溪蜜柚树势强，叶片大，果大无核、质优，适应性强，高产，商品性佳，可谓柚中之冠，但在种植过程中要特别注意防止溃疡病的传播，同时该品种有内裂的缺点。

红心柚：由福建省农业科学院果树研究所从平和县琯溪蜜柚园中的芽变株系选育而成，表现为早熟、果肉为淡紫红色、丰产、优质。

垫江白柚：又名黄沙白柚，树势健壮，树冠高大，枝叶茂密，果实倒卵形，果大色艳，汁多味浓，脆嫩化渣，甜酸适度，品质上乘，是四川、重庆推广发展的良种柚。

重庆垫江白柚于1986年、1989年相继获部、省优质果品称号，1995年获第二届中国农业博览会金奖，1998年获重庆市名柚称号，2001年分别获国家和重庆市名牌农产品称号，深受消费者青睐。

度尾文旦柚：中国福建省莆田四大名果之一，中国地理标志产品，果实品质优良、气味芳香、肉嫩汁醇、甜酸适度、无籽少籽、清香爽口、风味独特。

二、种植条件

1. 温度

柚子树属亚热带常绿果树，性喜温暖湿润的气候，畏寒冷。柚子树要求年平均气温16.6～21.3℃、1月平均温度5.4～13.2℃的条件。

2. 光照

柚子较耐阴，但要优质高产，仍然需要较好的光照条件。若光照充足，则叶色浓绿，光合产物积累多，果实糖多酸少，可增进果实品质和耐储性，并能减少病害。

3. 土壤

柚子对土壤要求不严格，土壤pH以5.5～6.5为宜，只要土层深、排水好，均可栽植。

4. 水分

柚子是在高温多湿的环境中完成系统发育的，因此，在生长发育中需要有充足的水分。柚子叶片大，蒸腾量大，所以需要更多的水分。

柚子对空气湿度的要求以75%左右为宜。

三、繁殖方法

1. 实生繁殖

从柚子果实中取出种子，播种培育成苗，直接用于田间定植。但柚子不能用种子繁殖的方式来培育栽培用的商品苗，生产上常用实生繁殖的方式培育嫁接苗的砧木。

2. 嫁接繁殖

嫁接繁殖是我国柚子栽培中最主要的繁殖方式，它可使我国无核柚实现大规模商品化生产。嫁接方式有芽接、劈接和靠接。

3. 压条繁殖

压条繁殖易生根，出圃快，四季均可进行。在优良母树上选充实健壮有几条分枝的枝组，在分枝下 30～70cm 处环状剥去皮层，宽约 3～4cm，深达木质部，上割口须整齐，刮净形成层，用谷壳或苔藓混以塘泥各半包扎割口，外面再用塑料薄膜包扎，则发根较快，但要通气排水，以免烂根。经 3 个月见较多细根时便可锯下，剪除部分枝叶即可进行假植或定植。

四、栽培管理

1. 定植

定植时期一般在春（2—3 月）秋（9—10 月）两季。定植密度 3m × 3.5m，667m^2定植 60 株。采用大穴定植，要求定植穴深 80cm，宽 100cm，配合施用有机肥，分 2～3 层施压。每穴施用有机肥不低于 50kg、化肥 2kg。定植后淋足定根水，将穴埂培成高 15～20cm、直径 60～100cm 的树盘，嫁接口露出地面，然后覆盖地膜。

2. 幼树管理

幼树施肥采取“勤施薄施”的原则，每月应施 2～3 次速效肥。定植 2 年后，统一采用变侧主干形，采用撑、拉、吊和抹芽控梢等办法，使树冠通风透光、内膛结果母枝多而健壮。并根据树体长势，采用环割技术，增加枝梢营养积累，促进早结果。

3. 结果树管理

（1）肥水管理　施肥以施有机肥为主，结果树一般不用化肥。初结果树（3～4 年）以采果后、开春萌芽前、壮果期三次施肥为主。采果后施一次基肥，以施农家肥、复合肥为主；春梢萌芽前施一次速效氮肥，以促进春梢生长；壮果肥以施磷钾肥为主，促进果的膨大和枝梢生长。

柚树周年常绿，枝梢年生长量大，挂果期长，叶大果大，对水分的要求高。栽培柚树必须通过灌溉来保证其水分要求。进行灌溉时要根据柚树各个物候期对水分的需要与当时干旱情况而定。春芽萌发和开花期、果实生长盛期是柚树需水高峰期，这时必须进行灌溉。

（2）整形修剪　采取“压顶、修边、留中间”为主的原则进行修剪。

“压顶”指在春梢萌芽前10～15d对初结果树或壮旺树上比较直立的密生枝进行疏除或回缩，可促发春梢。“修边”主要针对突出树冠外围、分支角度小、直立向上斜生的一次、二次或三次枝进行短截，可促发春梢；结果量开始减少的衰老树，回缩3～5年生枝可促发春梢。“留中间”指在9月下旬至10月上旬，对长势较强、直立向上的骨干枝中上部进行环割、刻伤或用铁丝环扎（视骨干枝强弱采用不同措施）。一方面可促发中下部隐芽次年萌发春梢，另一方面可使强枝的中上部挂果，做到以果压树，控制树势，又可充实内膛，达到立体结果、丰产、稳产的效果。

（3）疏花保果　当大部分花蕾有火柴头大小时，开始进行疏花。花蕾露白时疏去花穗尾部和弱小花蕾，只选留中间4～5朵健壮花蕾。第二次生理落果后，摘除畸形果，病虫害果按叶果比（60～70）：1的比例留果。保果主要是通过在谢花后喷施2.4－D5－10PPm或防落素等来进行。

五、病虫害防治

柚子的主要病害有黄龙病、溃疡病、疮痂病、炭疽病；主要虫害有红蜘蛛、锈壁虱等螨类，糠片蚧、矢尖蚧、褐圆蚧等蚧类，以及蚜虫、潜叶蛾等。其防治方法为喷施针对性药物进行灭杀，并喷施新高脂膜以增强药效和灭杀效果。

（1）花前连续喷药2次，以防治螨类为主，同时结合防治其他病虫害。使用农药为杀虫剂＋杀螨剂＋杀菌剂。

（2）谢花后的幼果期连续喷药2次，以防治蚧类为主，同时结合防治其他病虫害。使用农药为杀虫剂＋杀菌剂。

（3）秋季连续喷药3～4次，以防治潜叶蛾为主，兼治凤蝶、炭疽病等。使用农药为杀虫剂＋杀菌剂。

（4）冬季喷施一次石硫合剂清园。杀虫剂可选乐斯本、敌百虫、灭扫利、大功臣等交替使用；杀菌剂可选多菌灵、托布津、代森锌中的任一种；杀螨剂可选克螨特、灭螨灵等交替喷打，喷药应均匀周到。

六、采收

柚子为秋冬水果之佳品，采收期为11月初至11月下旬，果实在11月中旬前采收。选择晴天露水干后采摘，采果时采用“一果两剪法”，即先剪留果柄1～3cm，然后在果柄齐果肩处剪平。采下的果实要小心轻放，避免碰伤、摔伤。

采后进行药物杀菌保鲜，可用70%甲基托布津1000倍液或50%多菌灵

500 倍浸 2 ~ 3s，以全果浸湿为度，捞起晾干，5 ~ 7d 后单果包装。单果用厚 0.01 ~ 0.02mm、宽 35cm × 26cm 的聚乙烯薄膜袋单果包装，以减少失重，保持果面新鲜饱满。

第十五节 橙子

橙子（*Citrus sinensis*）又称金环、黄果，为芸香科柑橘属植物香橙的果实，原产于中国东南部，是世界四大名果之一。橙子是一种柑果，为柚子与橘子的杂交品种。

橙子有甜橙和酸橙之分，酸橙又名缸橙，味酸带苦，不宜食用，大多用来制取果汁，很少鲜食。一般鲜食以甜橙为主。

一、品种

根据果实的形状和特点，可分为以下四个品种类群。

（1）普通甜橙　果一般为圆形，橙色，果顶无脐或间有圈印。普通甜橙是甜橙中数量最多的。

（2）糖橙　又称无酸甜橙，果形与普通甜橙相似。因含酸量极低，果汁含量达到适当程度时即可采收、上市，是极早熟的甜橙品种。

（3）血橙　果肉及果汁全呈紫红色或暗红色。果肉细嫩多汁，具特殊香味。

（4）脐橙　果顶有脐，即有一个发育不全的小果实包埋于果实顶部。无核，肉脆嫩，味浓甜，略酸。

橙子的优良品种如下。

江安夏橙：江安夏橙是四川省宜宾市江安县的特产，花果同树，果实中等大小，甜酸适度，细嫩化渣，味浓，品质优。江安夏橙为国家农产品地理标志保护产品。

保升锦橙：四川省遂宁市船山区保升乡的特产，鹅蛋形，橙红色，无核，纯甜化渣，品质极优，单果重 100 ~ 150g。

秭归夏橙：湖北省宜昌市秭归县的特产，果形端正，橙黄光滑，肉脆化渣，酸甜适度，风味浓郁，富有香气。

榕江冰糖橙；贵州省黔东南州榕江县的特产，果实均匀光滑，色艳皮薄，少核，肉质细嫩化渣，果味清香，酸甜适度。

保合梨橙：重庆市丰都县保合镇的特产，果实特大，果形端庄、整齐，色泽鲜艳，果皮较细，肉质细嫩化渣，汁多，微具香气。保合梨橙获国家地理标志证明商标。

黔阳冰糖橙：湖南省怀化市洪江市的特产，品种优良，因味浓甜、肉质脆嫩而倍受市场欢迎。黔阳冰糖橙获地理标志保护产品。

长寿夏橙：重庆市长寿区的特产，果为高桩形，颜色深橙，甜酸适度，汁多味浓，细嫩化渣，果香浓郁，丰产优质。长寿夏橙获国家地理标志证明商标。

开县春橙：重庆市开县的特产，汁多味浓，酸甜适度，细嫩化渣，香醇悠长。开县春橙获国家地理标志证明商标。

丹棱橘橙：四川省眉山市丹棱县的特产，包括“不知火”“清见”“春见”“爱媛”等多个优质品种。2012 年 11 月农业部授予丹棱橘橙农产品地理标志。

琼中绿橙：海南省琼中黎族苗族自治县的特产，果实饱满，皮绿肉红，皮薄多汁，色泽润绿有光，肉质香软、化渣率高，酸甜适度。琼中绿橙为地理标志保护产品。

二、种植条件

橙子的种植要求年平均温度 18 ~ 19℃，1 月份均温 8℃以上，生长最适温度 20 ~ 32℃，果实成熟期要求昼夜温差较大。栽培橙子的温室内要求空气湿润，相对湿度 65% ~ 70%。阳光应充足，年日照 1600h 左右。果实成熟期要求昼夜温差较大，选择土层深厚、质地疏松、上下均一、肥沃、排水通气良好、保水保肥能力强、有机质含量丰富的砂壤土为好。

三、繁殖方法

1. 砧木生产

传统橙子生产中，一直用枳壳作砧木（近几年也有以枳橙作砧木的），其优点是早期生长快、吸肥吸水能力强、定干高等。

（1）播种　每 667m^2 需 200 ~ 250kg 枳壳种子。将采集的枳壳果实堆放 10d 左右，取出种子，洗净阴干，撒播于厢式畦土上，然后盖上 1 层薄土，再盖上 1 层薄稻草。幼苗长出 2 ~ 4 片真叶时进行第一次间苗，苗高 6 ~ 7cm 时进行第二次间苗。

（2）移植　移栽田应选择便于灌溉、排水方便、土层深厚的田土，翻土时施入充分腐熟的农家肥（2000kg/667m^2）以及磷肥 50 ~ 100kg，拌匀土层后做成 1. 2m 宽的畦。在砧木苗有 2 ~ 4 片真叶时进行移植。为确保高成活率，移苗时蘸上黄泥浆，浇足定根水。栽植行距为 25 ~ 30cm，株距 10cm 左右。

砧木苗期坚持勤施薄施以氮肥为主的肥料，并以水肥为主，同时勤除杂草。经过1年的生长抚育，可达到供嫁接用的粗壮苗的要求。

2. 嫁接

橙子的嫁接最好选在春季进行。采用切接法，接穗选用母本树中上部组织充实、芽饱满的1年生枝（枝条基部、顶端部分芽不用），用72%农用链霉素液浸泡2～3h，然后用清水洗净后按操作规程进行嫁接。

四、栽培管理

1. 整地、定植

（1）定植时间　一般在秋梢老熟后或春梢萌芽前栽植。

（2）栽植密度　采用株距×行距=3m×4m的密度进行栽植，667m^2植55～60株。

（3）栽植技术　拉线定距，挖定植穴。穴深、长、宽各80cm，每穴施优质农家肥50kg，回填土40cm高。栽植时将苗木的根系适度修剪后放入定植穴中央，舒展根系，扶正，边填土边轻轻向上提苗、踏实，使根系与土壤密接。浇足定根水，在树苗周围做1m的树盘，用地膜覆盖。

2. 肥水管理

（1）施肥原则　充分满足血橙对各种营养元素的需要，提倡多施有机肥、合理施用无机肥和配方肥料，并根据叶片分析结果、果园土壤分析结果指导施肥。

（2）施肥方法　以土壤施肥为主，配合叶面施肥。采用环状沟施、条沟施、穴施等方法。

（3）幼树施肥勤施薄施，以氮肥为主，配合施用磷钾肥，春、夏、秋梢抽发期施肥5～6次，每次每株施碳酸氢铵0.2kg或尿素0.1kg。1～3年幼树单株年施纯氮100～400g，氮、磷、钾比例以1.0∶（0.4～0.5）∶1.0为宜。成年树施好四次肥即萌芽肥、保果肥、壮果肥、采果肥。施肥量一般萌芽肥为2kg化肥+50kg有机肥；保果肥为1kg磷钾肥+0.5kg氮肥；壮果肥为1kg氮肥+1kg磷钾肥；采果肥（基肥）以有机肥为主，株施50kg有机肥+1kg化肥。

（4）土壤干旱时灌水，每次追肥时配合浇水。

3. 整剪树形，强化促果

（1）原则　因地制宜，因树修剪，促抑得当，通风透光，立体结果。

（2）整形（自然开心形）　干高20～40cm，主枝（3～4个枝）在主干上分布错落有致，主杆分枝角30°～50°，各主枝上留副主枝2～3个。一般在第三主枝形成后，即将类中央干剪除扭向一边作结果枝组。

（3）修剪　幼树：轻剪为主。选定类中央的延长枝、各主枝、副主枝延长枝后，对其进行中度甚至重度短截，并以短截程度和剪口芽方向调节各主枝之间生长的平衡。除对过密枝群做适当疏删外，内膛枝和树冠中下部较弱的枝梢一般应保留。初结果期：继续选择短截处理各级骨干延长枝，抹除夏梢，促发健壮秋梢。秋季对旺长树采用环割、断根、控水等促花措施。盛果期：及时回缩结果枝组，对落花结果枝组和衰退枝组进行剪除挡光枝、枯枝、病虫枝的工作。每次修剪时，在其刀剪伤口处及时涂抹愈伤防腐膜，促进伤口愈合，防止病菌侵袭感染。

4. 促花分化，均衡果率

在每年的花芽分化期环刷“促花王 2 号”一次，可促花芽分化，抑制夏梢狂长，强花并提高授粉能力和坐果率；在秋末再环刷“促花王 2 号”一次，即可抑冬梢抽发，强化树势营养代谢，为来年开花结果打好基础。

分别在花蕾期、幼果期和果实膨大期喷施壮果蒂灵，增粗果蒂，加大营养输送量，防落花，提高授粉能力，提高坐果率，加快膨大速度，确保果品优质高产。

5. 保花保果

（1）应用植物生长调节剂保果　在春梢转绿后的幼果期对叶面喷施 8 ~ 10 个单位（每 1g 兑水 85 ~ 106kg）2，4 – D 加 0.2% 磷酸二氢钾。

（2）环扎或环割保果　对生长旺的青壮年树，在谢花后生理落果开始之际，在主干或主枝上进行环扎或环割。对于过旺树，在第 1 次环扎或环割 15d 后再进行 1 次，可提高坐果率。

（3）疏春梢和抹除夏梢　幼龄初结果树或花少梢多时，适当抹除过量的春梢营养枝。成年挂果树应全部抹除夏梢。

（4）疏花疏果　疏花在花蕾期进行，花多树应疏去无叶花序及 4 叶以上有叶花。疏果在第二次生理落果后分批进行，疏去病虫果、畸形果、小果；幼树疏去骨干枝先端延长枝的幼果，保留树冠下部和内膛幼果。最终使叶果比保持在（50 ~ 60）:1 为宜。

（5）冬季喷 2，4 – D 保叶保果　冬季来临前喷 1 ~ 2 次 20 ~ 30 个单位（每 1g 兑水 33 ~ 50kg）2，4 – D 加 0.2% 磷酸二氢钾。

五、病虫害防治

1. 主要病害及其防治

（1）炭疽病　加强栽培管理，防止偏施氮肥；梢抽发期和果实成熟前，可选用代森锰锌、松枝酸铜、代森锌、百菌清等喷布树冠，15d 左右喷一次，连续 3～4 次。

（2）脚腐病　改善园内透光通风条件，加强对天牛和其他树干害虫的防治；选用枳、枳橙、香橙等抗病砧木，对已感病植株，刮除病斑后涂药，常用药剂有多菌灵、甲基托布津等。

2. 主要虫害及其防治

（1）螨类（柑橘红蜘蛛、四斑黄蜘蛛、锈壁虱）　开花前后和秋季是防治红蜘蛛的重点时期；春梢抽发期、幼果期和果实膨大期为锈虱防治主要时期。常用药剂有噻螨酮、达螨灵、炔螨特、溴螨酯、双甲脒等，注意保护长须螨、钝螨、食螨瓢虫、日本方头甲和草蛉等天敌。

（2）蚧类（矢尖蚧、红蜡蚧、吹棉蚧等）　药物防治的重点时期为矢尖蚧第一代若虫期、红蜡蚧幼虫期大量上梢为害时期，以及吹棉蚧幼虫盛发阶段。常用药剂阴噻嗪酮、杀扑磷、苦参碱＋烟碱、乐斯本、机油乳剂等。注意改善园内通风透光条件，保护和利用日本方头甲、红点唇瓢虫、草蛉、黄金蚜小蜂、澳洲瓢虫、大红瓢虫等天敌。

（3）潜叶蛾　防治的重点时期为夏、秋梢抽发期。及时抹除零星抽发的夏秋梢，结合肥水管理，促使植株抽发的新梢健壮整齐。药剂防治：新梢抽发至 1～2cm 时喷药，7～10d 喷一次，连续 2～3 次。常用药剂有阿维菌素、杀螟丹、氯氟氰菊酯等。

（4）天牛类　5—8 月，晴天中午人工捕杀星天牛和绿橘天牛成虫，傍晚捕杀褐天牛成虫；及时削除虫卵、初孵幼虫和剪除被害枝梢；用棉花或棉纱浸湿乐果等杀虫剂原药后堵塞虫孔，再将虫孔用泥土封闭，以毒杀幼虫。

六、采收

根据果实成熟度、用途、市场需要等确定采收期。雨天及果面露水未干时不宜采果。采果者应戴手套，用圆头果剪将果实连同果柄一起剪下，再剪平果蒂，轻拿轻放。按从外到内、从上到下的顺序采摘果实。要求所有盛果的容器内壁光滑，采下的果实应及时运往包装场或储藏库。避免日晒雨淋。

第十六节　芒果

芒果（*Mangifera indica* L.）又名檬果、闷果、蜜望、望果、庵波罗果，漆树科常绿乔木，原产于热带地区。外形为鸡蛋形，也有圆形、肾形、心形；皮色有浅绿色、黄色、深红色；果肉为黄色，有纤维，味道酸甜不一，有香气，汁水多而果核大。芒果集热带水果精华于一身，被誉为“热带水果之王”。

一、品种

芒果的品种、品系很多，现在全世界约有1000多个芒果品种，但一直没有一个完整的品种分类系统。

台农一号：台农一号是我国台湾省风山园艺所自育的早熟种，树冠粗壮，生势壮旺，直立，开花早，花期长。较抗炭疽病，适应性广。果实中等，单果重250～300g，果实光滑美观，肉质嫩滑、纤维少，果汁多，味道清甜爽口，品质佳，商品性好。

青皮芒：青皮芒又称泰国芒，树势中等强壮。果实6月上中旬成熟，果形肾形，成熟果皮暗绿色至黄绿色，有明显腹沟。果肉淡黄色至乳黄色，肉质细腻，皮薄多汁，有蜜味清香，纤维极少。单果重200～300g，品质极优，是理想的鲜食品种。

金煌芒：金煌芒是台湾品种，树势强，树冠高大，花朵大而稀疏。果实特大且核薄，味香甜爽口，果汁多，无纤维，耐储藏。平均单果重1200g。成熟时果皮橙黄色。品质优，商品性好，中熟，抗炭疽病。

红象牙芒：红象牙芒是广西农学院自白象牙实生后代中选出的，长势强，枝多叶茂。果长圆形，微弯曲，皮色浅绿，挂果期果皮向阳面鲜红色，外形美观。果大，单果重500g左右，果肉细嫩坚实，纤维少，味香甜，品质好。

贵妃（红金龙）：台湾科研专家研制“红金龙”成功，其外表美艳无比，表皮青里透红，无任何斑点，果质适度适中，核小无纤维，水分充足。专家们赞叹其品味俱佳，因此称其为“贵妃”。

紫花芒（农院3号）：紫花芒是广西农学院选育的品种，树势中等，枝条开展，早结、丰产，稳产性较好。花序圆锥形，花序轴紫红色，适于矮化密植栽培。果实大小适中，单果重250～300g，含糖量12%～15%，后熟时皮色鲜黄，外形美观，酸甜适中，品质中上，较耐储运。该品种对低温反应敏感，不抗寒。

象牙22号：象牙22号树势强壮，花序坐果率较高。果实象牙形，果皮翠绿色，向阳面有红晕，后熟后转浅黄色。单果重150～300g，果肉橙黄色，品质佳，耐储运。

鸡蛋芒（粤一号）：鸡蛋芒是中国热带农业科学院南亚热带作物研究所选育的品种，在广东湛江、东莞、广州栽培较多。树冠圆头形，枝条较开张，长势强，能多次开花。小果型，平均单果重120～150g，果皮光滑美观，成熟时黄色。果肉橙黄色，肉细汁多，品质中等，中早熟，丰产性较好。

四季蜜芒：四季蜜芒为多次开花结果品种，果长椭圆形，果洼浅，微具果嘴，果顶长，属中果型偏小，单果重 200～250g。果肉纤维中等，品质中上。

象牙芒：桂冠高圆头形，干枝分枝较小，直立性强。果形似初生象牙，故名象牙芒。属大果品种，单果重 400～1500g，果皮薄而光滑，金黄色，外形美观。果肉淡黄色，肉质细腻，纤维极少，汁多味甜，具密香味，品质佳，含糖 12.5%～14.3%。中熟品种。

红芒 6 号：原为美国佛罗里达州的栽培品种，1984 年由广西南亚热带作物研究引进。该品种适应性较广，树势壮旺，枝条粗壮，长而下垂，发梢力强，有再生开花的能力。

二、种植条件

1. 土壤

对土壤要求不严，以土层深厚、地下水位低、有机质丰富、排水良好、质地疏松的壤土和沙质壤土为理想，在微酸性至中性、pH5.5～7.5 的土壤生长良好。

2. 温度

芒果性喜温暖，不耐寒霜，在平均气温 20～30℃时生长良好，气温降到 18℃以下时生长缓慢，10℃以下停止生长。芒果能正常生长结果的年均温为 19.8～24.1℃，以年均气温 21～22℃，最冷月平均气温大于 15℃的条件下生长正常。芒果枝梢生长的适温为 24～29℃，气温高于 37℃时，小花和果实产生日灼；低于 10℃，新梢及花穗停止生长；5℃以下，幼苗、嫩梢和花穗受寒；0℃左右时，幼苗地上部、成年树的花穗、嫩梢和外围叶片都会受害。

3. 光照

芒果为喜光果树，充足的光照可促进花芽分化、开花坐果和提高果实品质，改善外观。北方温室栽培芒果，可通过整形修剪、改善室内和树内的光照条件以提高产量和延长盛产期。

4. 水分

芒果需水较多和较高的湿度，花期和结果初期如空气过分干燥，易引起落花落果。

三、繁殖方法

芒果有实生苗繁殖和无性繁殖，以无性繁殖为好。嫁接的方法有劈接、盾状补片芽接和枝腹接等，其管理与其他果树类似。

四、栽培管理

1. 定植

一般定植穴的大小为100cm×100cm×（60～80）cm（长×宽×深），表土和底土分别与等量的腐熟有机质肥料混合填回。每个定植穴需肥料为有机肥25～30kg、石灰1kg、磷肥1～1.5kg。回填土面应高于地面20～30cm。

芒果是一种速生的高大乔木果树，种得太疏会影响早期单位面积的产量，种得过密又会引起早期郁闭，不利于通风透光，易滋生病虫害，影响产量及品质。所以，既要使果品的产量高、品质好，又能使管理方便，种植的规格就应建立在经济栽培的基础上。按不同的品种采用不同的种植规格，而以667m^2植40株为基础，即行距×株距为5m×3.3m较为适宜。

2. 施肥技术

为尽早产果创造条件，施肥以氮肥、磷肥为主，适当施用钾肥，尽可能多施用有机肥，注重果园土壤的改良，为结果打下基础。

（1）定植肥　定植肥以有机肥为主，配合少量磷肥，施入种植坑中。土壤酸度较大时应配合施入石灰，在施肥前将石灰均匀撒入土壤中，然后翻土，让石灰与土壤充分作用，间隔10～15d后挖穴坑，再施有机肥后定植。

（2）追肥　幼树定植成活后应及时追肥，追肥以速效氮磷肥为主，以促进早发新根，抽生枝梢。芒果定植后1～2个月开始抽生新梢，以后约2个月抽生1次梢，每次抽梢后都可追肥一次。植后1～2年施肥要量少多次施，每次每株用尿素20g兑水或沼液水5kg淋施。随着树龄增加，施肥量可增大，每次每株用尿素40g兑水或沼液水10kg淋施。

植后第二年秋季结合扩穴，施用有机肥一次，每株施有机肥25～50kg及0.5～1kg磷肥或施0.5kg复合肥。以后每次抽梢每株施尿素0.15kg、复合肥0.2～0.3kg，兑水淋施或浅沟施。

（3）结果树施肥　目的是促进结果，提高产量和果实品质。肥料的用量、种类和施肥时期均不同于幼树。芒果树一般在定植后第三年开始结果，第四年进入盛果期。这时每年每株施纯氮0.4～0.5kg、P_2O_5 0.25～0.3kg、K_2O 0.36～0.4kg。六年树龄后，根据株产量适当增加氮、磷、钾肥的施用量。

3. 养护技术

（1）开花枝梢的整理　在花芽分化前约2个月，剪除过密枝、荫弱枝及病虫枝，每枝只留1～2个梢即可，这样可增加树冠的透光度，利于养分的集中和形成良好的通风光照条件，促进花芽分化及防止病虫害发生。

（2）培养和吸引苍蝇授粉　芒果在开花前，在温室内外可堆放垃圾或沤制麸粪、鸡粪、咸鱼碎片、禽畜内脏等，可以吸引苍蝇前来繁殖，对芒果授粉。

（3）微量元素及钙肥的施用　芒果自开花至幼果期可用施石灰的办法来降低土壤酸度和有害铁、铝、锰的含量，提高钙素水平。一般每株施石灰0.6～0.8kg；在开花前10d及盛花和谢花后喷1次0.2%硫酸锌和0.2%硼砂溶液，以促进授粉及结果。施用时可于病虫害防治时混合于农药内。

（4）保花保果　使用50～100mg/kg赤霉素，在谢花后每15～20d喷1次，共喷2～3次，对提高坐果率有一定作用。

五、病虫害防治

芒果病虫害种类很多，要采取“预防为主，综合防治”的方针。

1. 主要病害及其防治

（1）炭疽病　炭疽病危害芒果的苗木、嫩梢、嫩叶、花穗、幼果和成熟果实。严重时引起落花落果落叶、枯穗、枯梢，果实变质腐烂。选用耐病品种，加强栽培管理，减少病源传播，增加园中的通风透光度。药剂防治时，在新梢、花序刚抽生到果实采收前，每年喷1∶2∶100的波尔多液2～3次，用50%托布津1500倍液、50%多菌灵1000倍液、65%代森锰锌可湿性粉剂600～800倍液等防治均有效，可与波尔多液交替使用。

（2）白粉病　在芒果花期，高湿、夜间温度低的条件最有利白粉病发生。通常在花芽和幼穗果上出现白色粉状物，整个花序常常受为害而枯干变黑，同时为害幼果及嫩叶，造成不能结果。抓好早期药剂防治，宜在花芽膨胀时和小果形成时各喷一次药。药剂可选用0.3波美度石硫合剂、50%多菌灵1000倍液、胶体硫300倍液、40%灭病威400～800倍液、70%甲基托布津1000倍液等。

（3）细菌性角斑病　又称芒果黑斑病。主要为害叶、幼果、嫩枝等。感病后，在叶面上出现很多水渍状、多角形的小斑，后变为深褐色至黑色的病斑，病斑周围有黄色晕圈，直径1～3mm。该病主要由带病种苗及田间越冬的病残体感染，因此，严格实行检疫是预防角斑病的根本措施。同时定期喷药，可用30%氧氯化铜胶悬剂800倍液或1%等量波尔多液喷2～3次，发病重时用25%叶枯宁可湿性粉剂800～1000倍液、农用链霉素5000倍液或“可得杀101”800～1000倍液喷雾。

2. 主要虫害及其防治

（1）横线尾夜蛾　又名芒果钻心虫，它以幼虫蛀食嫩梢、花蕾和果实，严重时为害率可达30%～50%。防治方法为每年冬季清园，减少适合害虫化蛹的场所；在新梢刚开始萌动、花蕾未开放前用药喷洒，可选用90%敌百虫、50%磷胺乳油、50%杀螟威乳油800～1000倍液、40%氧化乐果乳油1000～1500倍液、20%氰戊菊酯乳油200～300倍液、速灭杀丁乳油6000～8000倍液进行喷雾。

（2）扁喙叶蝉 又名叶跳虫，为害花穗和幼果，导致落花、落果。常用的农药有50%叶蝉散可湿性粉剂、20%速灭杀丁2000倍液、25%西维因可湿性粉剂500～800倍液等，在花序伸长时、开花后喷1～2次。注意药剂的轮换使用，以免害虫产生抗药性。

（3）象甲 主要有切叶象甲、果实象甲、果肉象甲、果核象甲几种类型。防治措施为剪除树上的病、虫、枯枝、果、叶及园中杂草、落叶等集中烧毁，进行清园，清园后普遍喷1次较高浓度的石硫合剂。春季翻花后的幼果期（30～45d），每7～10d喷1次40%乐果乳剂加90%敌百虫混合液（1∶2∶1000倍液喷雾）或50%巴丹1000倍液，或20%速灭杀丁乳油200倍喷雾等。

（4）介壳虫 以成虫、若虫为害芒果的叶片、枝条、果实，并引起落叶，影响果实商品价值。药剂防治可选用松脂合剂、40%氧化乐果600～800倍液、20%双甲脒1000倍液、50%乙基稻丰散700～800倍液、25%乙酰甲受磷400～500倍液等。

六、采收

当果实已不再长大、两肩浑圆、果皮颜色变暗，切开果实，种壳变硬、果肉浅黄色时即可采收。采收时应用果剪逐个剪下，用清水洗涤以除去果梗切口中流出的黏液。此种黏液如果不及时除去，流到果皮上易引起腐烂。采收时要轻拿轻放轻搬。

第十七节 佛手

佛手（*Citrus medica* L. var. *sarcodactylis* Swingle）又称佛手柑、五指橘、飞穰、五指香橼、五指柑，为芸香科柑橘属常绿灌木或小乔木。因果实在成熟时各心皮分离，形成细长而弯曲的果瓣，状如手指，故名佛手。中国长江以南各地有栽种，主要产地为广东、广西、云南、四川、浙江、福建等地。果实皮鲜黄色，皱而有光泽，肉白，无种子，可供食用、药用或盆栽观赏。

一、品种

主产于广东肇庆（中国佛手之乡）、高要、德庆、云浮、四会、郁南等地，称“广佛手”，主要用于制药；产于四川者，称“川佛手”，也可制药；产于浙江者，称“金佛手”，主要用于观赏。

广东大果种佛手：树型高大，枝条带绿色，枝干长有锋利的小刺，长枝挂果后易下垂，短枝多，嫩梢尖端紫红色。其叶较大，与柚叶相似。果较大，产量较高，果实大小比较均匀，成熟时呈浅黄色，有特殊芳香气味，是佛手栽培品种中的佼佼者。但稍怕寒冻，在0℃以下时，嫩梢呈萎缩状态；夏忌酷热，到30℃以上时，枝叶呈缺水状态，若持续时间较长，还会造成落果。

南京种佛手：树型高大，茎呈淡灰绿色，叶较小，叶色青绿，嫩梢绿色。果实比广东大果种略小。幼果时落果严重，一般果实长至2cm长时就不易落果。果实成熟时呈淡金黄色，果实大小不一，有拳果及开手果两种。此品种产量高，大小年现象不显著，树势生长旺盛，易生徒长枝及直立生长枝。耐寒性好。

大种佛手：树型高大，比南京种略小，树枝呈绿灰褐色，小枝不多。叶较大，叶呈深绿色，嫩梢呈暗紫色。花为紫红色，较南京种略大。果亦较大，最大的单果可达1kg，多数呈握拳果。大小年现象显著，耐寒性较南京种差，产量也不高，在生产上较少种植。

小种佛手（盆栽佛手）：茎多淡灰色，植株矮小，花白色。果小，成熟期较早，多呈握拳果集合状，香味足。抗寒性差，产量低。一般多供盆栽，少作栽培。

二、种植条件

佛手为热带、亚热带植物，喜温暖湿润、阳光充足的环境，不耐严寒、怕冰霜及干旱，耐阴，耐瘠，耐涝。最适生长温度22～24℃，越冬温度5℃以上，年日照时数1200～1800h为宜。适合在土层深厚、疏松肥沃、富含腐殖质、排水良好的酸性壤土、沙壤土或黏壤土中生长。

三、繁殖方法

1. 扦插

（1）插条准备　选择7～8年生健壮的母树，剪生长旺盛、无病虫害的老健枝条，剪除叶片及顶端嫩梢，截成长17～20cm的插条。

（2）整地　扦插苗床最好选择土壤较厚的沙土，以便将来取苗。地选好后，深耕耙细，施足有机肥，做成宽1.3m的高畦，畦沟宽30cm、深20cm。

春季3—4月及秋季8—9月均可扦插，以秋季扦插最好。插时在畦上开横沟，沟距23～27cm，按株距15～17cm将插条插入沟入。通常每667m^2需插条 12000 ~ 15000 根。插后覆土压实，使先端一个芽苞露出土面，土干要淋水。

（3）苗期管理　插后要随时浇水灌溉，并要搭棚遮荫。当苗高 7 ~ 10cm 时，将丛生的弱苗除去，每株只留壮苗一根。及时除草，追施清淡人畜粪水或硫酸铵 3 ~ 4 次，培育一年即可移栽。

2. 嫁接

在春秋两季进行。用香橼或柠檬作砧木较好。一般采用扦插或播种繁殖。

（1）靠接法　8—9 月上旬进行。砧木选茎部直径 2 ~ 3cm、根系发达、生长健壮的 4 ~ 5 年生植株，在茎基部分枝的下面切去分枝，仅留一个分枝，再在切去分枝部位的一边向下削去一些皮层，然后选上一年春季或秋季发生的枝条作接穗，在接穗下部的一边亦削去下面的部分皮层，再将砧木的切面靠在接穗的切面上，使两面密合，中部用塑料薄膜缚紧，约一周后即能愈合。愈合后剪去接口以上的砧木部分。

（2）切腹接法　在 3 月上中旬将砧木在地面以上 5 ~ 7cm 处剪平，用嫁接刀削光，选光滑部分稍带木质处做斜切面，深 1 ~ 1. 5cm。接穗要留 2 ~ 3 个芽，并将下端削成 1 ~ 1. 5cm 长的楔形，然后将砧木切口一边与接穗切皮对直，紧密地插入砧木的切口内，用塑料薄膜捆扎，一般半个月后就愈合并抽芽。45 ~ 60d 后开始抽梢，此时将包扎物除去。

四、栽培管理

1. 定植

扦插苗或嫁接苗培育一年后，幼苗高达 50cm 时，春秋两季都可定植。定植按株行距各约 3m 挖穴，穴径 50cm 左右，深 30cm。每穴栽苗 1 株，苗要栽正，须根向四面伸展，用细土壅根，向上轻提数次，使根与土壤紧接，再覆盖细土踩实，最后覆土稍高于地面。

2. 追肥

佛手的追肥应根据树龄大小、生长情况而定。一般头 3 年在 3—8 月每月宜施一次速效有机肥；进入盛果期后一年可追肥 3 次，分别在花前、幼果期和采果后及时施入有机肥，并加入氮、磷、钾复合肥，尤其要注意施好冬肥。追肥时挖宽 30cm、深 25cm 的环状沟，覆土盖严。

佛手种后第二年就可进入结果期，可连续结果 30 年左右。每年应施肥四次，第一次为花前肥，每株施腐熟有机肥 5kg；第二次在开花盛期施肥，需肥量较大，每株施腐熟有机肥 5kg、尿素 150g；第三次施壮果肥，重施磷钾肥，以促进果实的膨大、提高产量，每株施腐熟有机肥 5kg 与复合肥 1kg，同时用

100g磷酸二氢钾兑水50kg喷施一次叶面肥；第四次施采果肥，采果后，在植株的两边沿树冠滴水线开挖宽40cm、深40cm的对称沟，每株施腐熟有机肥10kg、复合肥1kg，混合后回坑。

3. 修剪

将主干剪留15cm，下面留3~5个腋芽，促其萌发壮枝，扩大树冠。当新稍长至5~8cm时摘心，去顶芽和侧芽，以育成一定的树形，并促进其提前进入结果期。

为保证佛手高产和稳产，要做好树形树势的调整及花、果枝条的合理修剪。当年栽植的不宜让其开花，要及早摘去花芽，以促使树形的生长和扩冠。进入花果盛期的树体，一般在萌芽和果实采收后进行修剪。

佛手生长快、分枝多，必须每年进行合理修剪整形，使树势旺盛，促进结果枝分布均匀。在采果后及3月萌芽前进行修剪整形，剪去交叉枝、衰弱枝、病虫枝、枯枝和徒长枝。佛手的短枝大多为结果母枝，应尽量保留。凡夏季生长的夏梢除个别为扩大树冠需要外，应全部剪去。

4. 调控花果

佛手栽后4~5年开始开花结果。采花在开花盛期，每天早上采摘。注意摘除早花（即春末初夏开的花，因此时开的花多数为雄花，不能结果），对雌花期枝条上萌生的多余腋芽也需抹摘，每一短枝只留1~2朵，或待结出幼果时，再摘去更为保险。目的是减少养分消耗，改善生长条件，以减少落花、多结果。

五、病虫害防治

1. 主要病害及其防治

（1）煤烟病　植株受病后，叶面初现煤灰小斑点，后渐扩展变为黑色，遮盖全叶，妨碍光合作用。防治方法为注意修剪，使其通风透光；及时防治介壳虫。

（2）炭疽病　用25%菌威乳油1000~1500倍液或炭疽福美800倍液喷雾防治。

2. 主要虫害及其防治

（1）橘柑凤蝶、玉带凤蝶　主要为幼虫食害叶片，可用90%晶体敌百虫1000倍液防治。

（2）吹绵介壳虫　主要危害枝叶，防治方法为保护天敌瓢虫；在少量发生时剪除虫枝烧毁；用40%乐果乳油1000倍液或25%亚硫磷乳油1000倍液防治。

（3）潜叶蛾、红蜘蛛、介壳虫　主要危害嫩枝叶，防治方法主要为化学防治。潜叶蛾用0.6%灭虫灵2000倍液、20%康福多（吡虫啉）2000～4000倍液防治；红蜘蛛用哒螨酮（扫螨净）3000～4000倍液、三唑锡克螨锡1000～1500倍液或克螨特2500倍液防治；蚧壳虫用高渗吡虫啉2000倍液或速扑杀1000倍液防治。

六、采收

佛手果实从8月起陆续成熟，当果皮由绿开始变为浅黄绿色时，可在晴天陆续进行采收，采完为止。成年壮树，管理良好者，每株年产鲜果20～25kg。

第十八节　红毛丹

红毛丹（*Nephelium lappaceum* L.）又名韶子、红毛果、红毛胆，为无患子科大型热带果树，原产于马来半岛，现在在中国广东和台湾有栽培。成熟的红毛丹果并非都是红色的，也有黄色的果子，红毛丹的味道类似于荔枝。

红毛丹外观美，果树还可作为园林观赏树木。

一、品种

红毛丹有红果和黄果两类。经过多年选育，现已培育出保研1号、2号、3号、4号、5号和7号六个品种。其中保研2号为黄色椭圆形；保研1号、3号、4号的果实都为红色椭圆形；保研5号、7号为红色圆形。以保研7号丰产性最好。保研7号一年可以结果2次，高产稳产，抗寒、抗旱性强。

二、种植条件

红毛丹喜高温多湿，年平均温度要求在24℃以上，最冷月的温度也要高于17℃。红毛丹幼苗期不耐旱，需要适当增加水分管理。果实生育期需水量较大。

土壤以土层深厚、富含有机质、肥沃疏松、排水和通气良好为好，以冲积土为最佳，pH 4.5～6.5。

三、繁殖方法

红毛丹可采用实生繁殖和无性繁殖。实生繁殖虽然是选种的一个手段，但结果迟、产量差异大、品质变异大。同时，红毛丹实生树又是雌雄异株果树，雄性植株比例达 34.2%，因此，不利于果树良种区域化。生产上一般采用无性繁殖方法，其中有嫁接法和空中压条两种。

1. 沙床播种催芽

砧木苗的培育分为催芽和苗床培育两个阶段。先催芽，再移栽到苗床，生长快而整齐。

（1）选种　用第一批红熟果实的种子，这样的种子质量高，种子还要经过筛选。

（2）洗种　选种之后要洗种，即将种子上的果肉搓掉，以洗干净为准，一般要换水搓洗 2～3 遍。

（3）做沙床　沙床建在有遮阴的地方为好，选用粗河沙。沙床的大小根据催芽种子的多少而定，沙床宽 1.2m，长 15～20cm，平整沙床后进行播种。

（4）播种催芽　种子催芽时芽眼朝下，摆放在沙床上按紧压实，种子间稍留一定间隔。播种后在上面铺一层 2cm 厚的面沙，淋透水分。沙床上覆盖遮阳网，避免强光，还可保湿，有利于种子发芽。播后注意防治地下害虫。

（5）沙床管理　催芽时间为 15～20d。这期间要经常保持沙床湿润，过干或过湿都不利于红毛丹发芽。晴天时，每天淋水 1～2 次，早上和傍晚各淋一次，以湿润为准。当种芽长到 5～10cm、第一对心叶未张开前，就要及时准备育苗床，准备移苗。

2. 营养袋苗床培育

（1）整地做苗床　苗床地选择地势较平坦、阳光充足、沙质的壤土地为好。在表土中加入有机肥和过磷酸钙，三者的比例为 3∶1∶0.5，配制成营养土。

苗袋高 21cm，宽 20cm，底面有 3～5 个孔洞，可以透气排水。装营养土时苗袋要装满，然后整齐排放在苗床上。

（2）移苗　选择在每天上午 9 点之前或者下午 4 点半以后起苗。将幼芽立即移植到营养袋里，每个营养袋栽种一株；用小木棍在苗袋中央插出 8～10cm 深的小穴，随即将幼苗的根须放入穴中，保持苗根伸直。在苗头周围用手轻轻将土压实，移栽后淋透定根水。

3. 砧木苗的水肥管理

7 月上中旬将红毛丹砧木苗移栽到营养袋里，生长到第二年 2—4 月份可以进行嫁接，其间需要在苗圃地中培育半年。

（1）淋水　在移栽幼芽后第一个月，需要每天定时淋 1 次水，以湿润为度，见土面干就淋水。

（2）除草　第二个月，小苗抽出第一蓬新叶，给营养袋除草，除草时防止伤根。

（3）追肥 每2～3个月追一次肥。每667m^{2}施入氮磷钾比例为15：15：15的硫酸钾复合肥5～7kg和尿素5kg，稀释成10倍水液浇小苗根部。

4. 嫁接

当育成的砧木苗高度在50～80cm时即可嫁接。3—5月为最佳嫁接期。

（1）采集枝条 选择优秀品种，在3～6年的成年树树冠上采集上一年生长出的最后一批新梢，选择长势苗壮、芽眼饱满、叶片浓绿、无病虫害的木质化新梢作为嫁接用的枝条。

（2）修剪接穗 剪去嫁接枝上的叶片和不能用的嫩梢，再将去叶的枝条修剪成带有2～3个芽眼的嫁接穗，长度在3～6cm。嫁接穗用湿毛巾包好，保持水分不流失。

（3）嫁接 采用芽片顶接法进行嫁接。嫁接后进行正常的肥水管理，保证成活率。

四、栽培管理

1. 定植

定植的株距为5m，行距为6m，667m^{2}定植22～28株。定植穴的长度80cm，宽度70cm，深度为60cm，每个定植穴施腐熟有机肥15～25kg、氮磷钾三元复合肥0.5kg。放苗时去掉苗袋，带原土定植，栽后回填土要紧实，回填土高度以埋至原营养土面略高1～2cm为宜。定植后，要浇足定植水，以提高成活率。

2. 1～4年幼龄树的管理

红毛丹从定植到投产前这个阶段，称为幼龄树，需要3～4年的时间。这期间主要是营养生长、扩大根系、增加冠幅。管理中“一抓水，二抓肥，三抓修剪”育树形。

（1）水分管理 幼苗定植后，应根据天气情况及时浇水，经常保持苗头土壤湿润。

（2）施肥管理 幼龄树施肥以勤施薄施为原则。每年施肥8～10次，每次每株施氮磷钾复合肥300g。

（3）修枝整型 修剪期应选在新梢萌发期进行。当幼树生长到50～80cm时，截断树顶，确定主干。到第4年，每棵树冠都培育成有四级分枝或五级分枝的半园型丰产树冠。

3. 5年龄以上结果树的管理

（1）保果肥 施肥量要根据树龄、树势、开花的多少来决定。肥料以有机肥为主，增加施用磷钾含量丰富的复合肥。一般每株每年施优质有机肥粪肥40～60kg、含磷钾丰富的复合肥 3kg 以上。

（2）定期浇水保花保果。

（3）叶面喷肥　目的是补充开花期枝梢消耗的营养。在花期喷叶面肥2～3 次；当红毛丹的青绿果生长到成熟果实那么大时，用新型的高效植物生长调节剂芸苔素内酯 1000 倍液喷雾 1～2 次，以促进果实增大、增加糖分、促进果实着色。

（4）补充果后肥　采收完第一批果实后，因为大量的结果消耗了较多的养分，所以采果后要及时补充养分。每株采果树施用有机肥 50kg、复合肥 4～5kg、尿素 1～1.5kg、混合后施用。

（5）辅助支撑结果枝　红毛丹结果枝果实太多时，要用人工辅助设施支撑起垂倒在地上的果穗，帮助果穗通风、吸收阳光。

五、病虫害防治

红毛丹的常见病害有白粉病、藻斑病和霜霉病，可用常规方法进行防治。

苗期主要有毒蛾危害叶片，可以选用 38% 的甲维盐辛乳油 800～1500 倍液进行喷雾；果期虫害是粉蚧，当粉蚧虫大面积危害时，需要用 25% 的广谱类杀虫剂溴氰菊酯 1500～2000 倍稀释液对果穗进行喷杀。

六、采收

由于红毛丹花期长，可以开 2～3 批花，因此果实成熟时间相差也较大，可分 2～3 批采收。

第十九节　鳄梨

鳄梨（*Persea americana* Mill）又名油梨、樟梨、牛油果，为樟科鳄梨属常绿乔木，原产热带美洲，在我国广东、福建、台湾、云南及四川等地都有栽培。鳄梨是一种营养价值很高的水果，含多种维生素、丰富的脂肪和蛋白质，其钠、钾、镁、钙等含量也高。鳄梨除生果可食用外，也可作菜肴和罐头。

由于鳄梨树属于常绿乔木，因而常被用作生态绿化树种，具有很高的园林种植价值。

一、品种

世界上鳄梨的品种通常分为墨西哥系（M）、危地马拉系（G）和西印度系（W）三大种群。

著名品种如下。

哈斯：G系，美国加利福尼亚州选育，可留树储存达2~3个月之久。

路拉：G×M系，美国佛罗里达州选育，高产、果大，含油率12%~16%，为最优品种之一。

波洛克：W系，美国佛罗里达州选育，果特大，每个400~680g；早熟，味佳。

博恩7：G×M系，含油率10%~14%，香滑爽口，风味好。

二、种植条件

鳄梨喜光，喜温暖湿润气候，不耐寒，适宜年均温度20~25℃；抗寒力因品种不同而异，抗寒品种可耐-6℃低温，抗寒力低的品种遇0℃低温则干枯。对土壤适应性较强。

三、繁殖方法

鳄梨可采用种子和嫁接繁殖。最好用容器育苗，当树苗径粗0.8~1cm时便可嫁接，多用芽接或腹接法。

四、栽培管理

1. 定植

树苗长至高50~60cm时可定植，栽植株行距5m×6m。嫁接苗定植3~4年或实生苗4~6年开花结果。

2. 施肥

鳄梨种植后，1~4年的幼树期是为牛油果丰产优质栽培打基础的时期，应合理施肥，以促进幼树快生速长。鳄梨幼树根系易受氮肥伤害且多施氮肥易使枝叶徒长，延迟结果，应注意氮肥的施用。一般在春季或秋季施有机肥，每年每株施4.5~18kg，随树龄增加而增加。

结果树的施肥：可根据叶片和土壤分析的结果，对照牛油果叶片营养的临界水平决定施肥种类及施肥量。春前树体的营养积累对春后树体的生长、开花和结果有着决定性的作用，故大量肥料应在立春前施用。夏季果实持续生长，每月均衡施肥即可。秋天收果后，进入树势恢复和花芽分化，又应及时施肥。

3. 浇水

鳄梨周年常绿，全年均需保持根际土壤的湿润，对土壤干旱十分敏感，一旦缺水，生理功能就会受阻，树势衰弱，导致落叶落果。浇水一般以湿透土壤为准，最好用滴灌。若干旱叶片开始卷曲，还可进行树冠喷水式浇水。

五、病虫害防治

1. 主要病害及其防治

（1）炭疽病　鳄梨的重要病害主要是危害成熟果实，也可侵染叶片、嫩枝、花及幼果，引起落果及果实腐烂。防治方法主要为农业防治，清除果园内发病枝条，剪除病叶，消除传染源，采后尽早进行低温预处理和低温储藏。

（2）疮痂病　受害果实初期产生轻微的圆形褐色疤状突起，之后变为褐色至浅紫色；果实成熟后，病斑联合，中心凹陷，果皮粗糙。防治方法为剪除发病枝条以减少病原物，喷洒波尔多液或其他铜制剂。

（3）尾孢斑点病　为害叶片、茎干和果实。侵染果实，在其表面形成枯斑或导致表皮开裂，裂缝可引起炭疽菌侵染。防治方法可采用化学防治，喷施铜制剂和嘧菌脂于枝条和果实上。

（4）煤烟病　果实、叶片和茎干表面覆盖大量黑色煤烟状菌丝和孢子，并生长在蜡蚧和粉虱分泌的蜜露上。防治方法关键在于控制害虫，减少蜜露产生。较好的方法是应用天敌进行生物防治。

2. 主要虫害及其防治

鳄梨的主要害虫有潜叶蛾、金龟子、蚜虫等，可按常规方法进行防治。

六、采收

1. 留树储藏

鳄梨果实生理成熟后，可在树上保留一段时期再采收，即延期采收。果实留树时间的长短要依据当地的气候条件、管理方便与否来决定。

2. 采后储藏

鳄梨果实采摘后，各种生命活动仍在进行，其中最明显的是呼吸作用。储藏成功的关键在于使呼吸降到最低水平，从而延缓果实衰老和生理败坏。

第二十节　黄皮

黄皮［*Clausena lansium*（Lour）Skeels］又称油皮、油梅、鸡皮果，为柑橘亚科黄皮属小乔木果树，原产中国南方，是我国南方果品之一，除鲜食外还可盐渍或糖渍成凉果。

黄皮具有较高的营养价值，用途非常广泛，是广西和海南的特产水果。

一、品种

黄皮果有多个品种，有酸有甜，也有早熟与迟熟之分。以果形而分，大致可分为以下几种。

圆粒种：果圆球形，有称为冰糖甜黄皮的即属此类。此种又分为大粒种与小粒种两类，汁多味甜，品质较好。

椭圆形种：果椭圆形，果形较大，种子较多，味甜带酸，品质中等。

阔卵形种：形如鸡心的称鸡心黄皮，比圆粒种早熟，果较小，通常有种子 1 粒，味清甜，品质优。

二、种植条件

1. 温度

要求年平均气温 20℃以上，1 月平均温度 12℃以上，气温在 0℃以下成年树会发生冻害，幼年树的耐寒能力也较差。

2. 水分

黄皮是周年常绿的果树，需要湿润的环境和充足的水分，但水分过多对黄皮生长、发育、开花、结果都不利。

3. 光照

光照充足，树冠内膛枝叶能吸收散射光进行光合作用，扩大光合面积，增强树体养分的积累，扩大挂果面积，提高果实的品质和产量；光照不足，影响植株光合作用和养分积累，对植株生长发育不利。

4. 土壤

黄皮对土壤要求不高，在黏壤土、沙壤土中都可以种植，但不同的土壤对黄皮植株的寿命和产量会产生不同的影响。在排水良好、土壤肥沃、土层深厚的沙壤土上种植，树势强健，寿命长，高产稳产；在土壤瘦瘠、排灌水不良、有积水的黏重土壤上种植，则黄皮树寿命短、产量低。

三、繁殖方法

种植黄皮选择嫁接苗，可采用切接、芽接或劈接等嫁接繁殖。最适宜的嫁接时期是春季（1—3 月）和秋季（9—10 月）。

作为嫁接砧木用的种子，可在每年的 7—8 月黄皮果实充分成熟时，选择普通的黄皮树木结的果实，取出种子，洗净后随即播种。一般播后半个月发芽。幼苗长出后，加强肥水管理及病虫害防治，促进苗木生长健壮。

当砧苗茎粗达到 0.8cm 以上时便可进行嫁接，在良种母树上选取生长健壮、芽眼饱满、无病虫害的当年生或一年生枝条作接穗。接后半个月左右，接芽便陆续萌发。嫁接苗发芽后须及时去除砧木芽、立支柱、防病虫及除草施肥等。对接芽应及时进行摘心，培养 2～3 个分枝，当苗高达 30cm 以上时，便可出圃种植。

四、栽培管理

1. 定植

（1）种植时间　北方温室栽培黄皮，在春、夏、秋、冬四季均可种植。

（2）种植密度　一般 667m^2植 50～80 株，多采用宽行窄株方式种植。株行距可选用 3m×4m 或 2.5m×3.5m。密植时，667m^2植约 110 株，株行距可选用 2m×3m。

（3）植穴的准备　按株行距定好植位后，按长、宽各 1m，深 0.8m 的规格挖穴，分层施放土杂肥和回土，最后一层填回表土。每穴埋施绿肥 50kg + 土杂肥 50kg + 石灰 0.5kg + 磷肥 0.5kg，回表土后的定植穴应高出地面约 20cm。

（4）栽植　定植时黄皮苗的根要避免与肥料接触，苗木要直立，根系要向四周自然舒展。种植深度以细土覆盖到根颈、保持与苗期的入土深度为宜。种植时要小心，将细土轻轻压实。种植后淋足定根水，树盘盖草保湿，防止阳光暴晒和雨水冲刷。

2. 幼龄树管理

（1）施肥　对幼龄树的施肥宜以勤施薄施为原则，以氮肥为主，配施磷肥、钾肥、钙肥、镁肥等。肥料种类可选用有机肥，如人畜尿、麸肥或复合肥、氮肥、钾肥、磷肥、叶面微肥等。定植成活后 1 个月开始施肥，此后在每次新梢萌芽前和新梢转绿后施肥，即“一梢二肥”或“一梢三肥”。两次为土壤施肥，一次为根外追肥。另外，每年冬季要深施有机肥。

（2）水分管理　黄皮适宜在湿润环境下生长，但忌积水，因此要加强土壤水分管理，旱时灌水，涝时排水，保持土壤湿润。

（3）整形修剪　黄皮是常绿果树，以矮干、枝条紧凑、末级梢多而壮的圆头形树冠有利于早结、丰产和稳产。幼苗定植成活后，在主干高 40～50cm 处摘心或短截定干，促进截口下的芽萌发；待主枝老熟后，在 15～20cm 处进行摘心或短截，促剪口下的芽萌发，再在各主枝上选留 2～3 条健壮的、分布合理的枝条培养成二级主枝；如此，采用上述方法培养三级分枝、四级分枝……

幼龄树冬季修剪，主要是剪除和疏去不合理分布的枝梢或枝组，剪除病虫枝、弱枝、交叉枝和下垂枝，使树形美观，枝组分布合理。

3. 结果树管理

（1）施肥　第一次施肥在冬季，以促进花芽分化，利于花器官和结果枝的发育。以有机肥为主，株施有机肥 10kg，埋施在穴内，然后盖回表土。

第二次施肥在盛花期后，目的是及时补充因开花而消耗树体大量养分，壮花壮果，保持叶色翠绿。肥料以复合肥为主，株施 150～200g。在滴水线附近开浅穴施。

第三次施肥在果实膨大期，目的是促进果实膨大，使果实发育正常，提高产量。肥料宜选用以钾、氮为主的复合肥，株施 150～200g，撒施在树冠滴水线附近。

第四次施肥是采果后，目的是恢复树势，促发秋梢，培养适时、健壮的结果母枝。一般施肥量较大，每株施有机肥 15kg、三要素复合肥（15∶15∶15）200～300g，在树冠四周的滴水线附近开浅沟埋施。

第五次施肥在秋梢萌发后，目的是促进秋梢老熟和及时促发二次秋梢，培养结果母枝。施用肥料和施肥量参照上次的施肥情况。

（2）水分管理　黄皮结果树的水分管理，要根据不同的生长时期及对水分的需求进行合理灌溉和排水，以利于丰产稳产。12 月至翌年 1 月是黄皮花芽分化期，此时期要减少灌溉，适当制水，使土壤稍为干旱，利于花芽分化的进行；2—4 月是黄皮开花坐果期，此时期春梢萌发，花穗生长发育、开花坐果，要保持土壤湿润；5—6 月是果实膨大期，此段时期水分供应要充足；7—10 月是采收期和秋梢吐放期，应保证充足的水分供应，以利于植株生长。

（3）修剪　冬季修剪：结合冬季清园进行，主要是剪除枯枝、病虫枝、阴枝、弱枝，保证树体通风透光，减少翌年的病虫害和不必要的营养消耗，以利于光合作用，促进秋梢生长和花芽分化，为翌年的丰产打基础。

生长季节修剪：结合采果或在采果后及时回缩或短截结果母枝，促发秋梢，培养健壮的结果母枝。

幼龄结果树生长季节修剪：黄皮幼龄结果树营养生长仍很旺盛，可对生长壮旺的早秋梢进行摘心，促发剪口下的 2～3 个芽萌发二次秋梢，增加末级梢数（结果母枝）和花穗数，从而提高幼龄黄皮的产量。

（4）疏花、疏果、保果

①疏花：黄皮花穗大，小花多，每穗达千朵以上，开花期长，尤其是幼龄树，往往同一穗花的花期可长达 15～20d，但坐果率仅 3%～6%，较高的达 10%左右。由于花期长，不但造成落果，而且导致同穗果实间大小不一，成熟期不一。为了减少养分消耗，促使同穗花期和成熟期趋于一致，可采用适当疏花或短截花穗的方法。即在花穗开花后至盛花前，将顶部花穗剪去总

量的1/3左右。若花穗带小叶，应同时将小叶摘除。

②疏果：疏果可以增大果实，使果实大小及成熟期趋于一致。疏果可以在生理落果后进行，一般疏去畸形果、病虫果和小果，然后根据植株的生长和营养水平、挂果量疏去密生果。

③保果：果实膨大期至成熟期，要注意防虫、果实套袋、防病防鸟啄食果肉、防裂果和防机械损伤。

五、病虫害的防治

1. 主要病害及其防治

（1）炭疽病　黄皮炭疽病是生产上的一种常见病，各个生育期均可感病。防治中要科学用肥用水，增强树势，提高植株抗病能力，防止病菌侵染。做好田园清洁，及时剪除病枝、病叶，处理烂果，减少越冬病源。及时施药，保护新梢、幼果。新梢抽发初期和谢花坐果期，均应及时施药。药剂可选用70%托布津可湿性粉剂800～1000倍液、50%退菌特500～600倍液、75%百菌清700～1000倍液或50%多菌灵可湿性粉剂500倍液。

（2）流胶病　防治中要加强栽培管理。适当增施有机肥，保持适当水分，增强树势，提高植株抗病力；中耕培土除草时切忌造成机械伤，预防病菌侵染。

适时施药，保护树干。春季温暖多雨，要及时施药保护树干。可用0.5%波尔多液、50%退菌特或50%多菌灵600～800倍液轮换喷2～3次，每隔7d喷一次。

及时处理病树。及时检查，对已发病的植株可用小刀或竹签刮除病部组织，清除干净后，第二天用药剂涂敷伤口。药剂可用波尔多液（由硫酸铜500g、石灰500g和水20L配制而成），或50%多菌灵可湿性粉剂100倍液，或70%托布津可湿性粉剂100倍液涂敷。拔除病株。已严重发病、凋萎的植株，应及时拔除，集中烧毁。土地用1∶10石灰硫磺粉撒施，消灭病源。

（3）霜疫霉病　防治中要加强栽培管理，适时修剪，不偏施氮肥，使植株生长正常，树冠通风透光。田园清洁，及时剪除病枝、病果，减少病原。适时施药防治。黄皮花蕾期、幼果期及转黄期各喷1～2次药剂，预防发病。药剂可选用40%乙磷铝300倍液、58%瑞毒霉锰锌600～800倍液或64%杀毒矾500～600倍液。

2. 主要虫害及其防治

（1）木虱　防治措施为避免与柑橘等芸香科果树混栽，减少虫源。加强管理，合理用肥，统一放梢，减少辗转危害。及时施药防治。新梢抽放前后各施药一次，减少新梢受害。药剂可用40%水胺硫磷乳油1000倍液、40%氧化乐果乳油1000倍液、20%灭扫利乳油1000倍液或50%敌敌畏乳油1000倍液。

（2）介壳虫　防治措施为做好田园清洁，减少虫源。春梢抽发期，重点施用农药，压低全年发生量。药剂可用40%速扑杀800～1000倍液或40%水胺硫磷1000倍液。

（3）白蛾蜡蝉　防治措施为适时剪除有虫枝条，集中烧毁。掌握若虫初孵期，在其集中危害未分散之前进行药剂防治。药剂可选用10%灭百可2000倍液或40%乐果1000倍液。

（4）蚜虫　对蚜虫防治要勤检查、早发现，在有翅蚜虫迁入果园后、无翅蚜虫初发生期进行药剂防治。蚜虫体表光滑，有蜡质，施药时，药液中可加入少量黏着剂，如柴油、肥皂粉、面粉之类。药剂可用40%乐果乳油800～1000倍液或50%乙酰甲胺磷乳油1000倍液。

（5）夜蛾　防治措施为加强管理，清除杂草，减少害虫越冬场所和成虫栖息场所。在幼虫低龄期施药防治，降低成虫密度。药剂可用90%晶体敌百虫800～1000倍液或20%速灭杀丁乳油2000～3000倍液。结果期及早套袋，防止危害。

（6）红蜘蛛　防治措施为冬季做好清园工作，减少越冬虫源。加强栽培管理，增施有机肥，增强植株抗病虫能力。适时施药，保护新梢、花穗，减少对产量的影响。施药的重点时间是在春暖、秋凉两个季节，在幼螨发生期进行。药剂选用40%三氯杀螨醇1000倍液、73%克螨特2000～3000倍液、5%尼索朗1000～2000倍液、5%速螨铜1500～2000倍液、40%硫磺胶悬剂300倍液和40%水胺硫磷1000倍液。保护天敌，利用生物防治害虫。红蜘蛛的天敌很多，如捕食螨、食螨瓢虫、草蛉、花蝽以及寄生菌（芽枝霉菌）等。

六、采收

黄皮若采收过早则糖分积累少，风味淡，甚至乏味，或果味偏酸；若采收过迟，则容易引起裂果、落果，因此，黄皮采收过早或过迟都会直接影响果实的商品价值，造成经济损失。

黄皮的适宜采收期应根据果实的用途来确定。鲜食用果或加工用果，最佳采收期是果实必须充分成熟和着色，并表现出本品种的最佳风味、色泽和本品种固有的特殊芳香，一般成熟度达95%以上。需远距离运输的食用鲜果或用于加工果脯的、需储藏的，在成熟度达85%左右时采收（即可提早3～6d采收）。

整个采收过程要轻拿轻放轻运，避免果实表面受机械损伤。采果时，一手拿果穗基部，另一手拿剪刀从果穗基部将半截结果母枝剪下，再剪掉果穗中的裂果、病果和未成熟的小粒果。要保持果穗完整，放入薄膜袋中，一穗一袋。再将果穗一穗一穗叠放在果筐内，装满后运回仓库，暂时存放。

第二十一节　蛋黄果

蛋黄果（*Lucuma nervosa* ADC）又名仙桃、狮头果、蛋果、桃榄，山榄科多年生常绿小乔木植物，原产美洲热带地区，自从海南省引进此品种后，蛋黄果开始在我国南方推广种植，目前我国广东、广西、云南、福建等地区都有种植。该树高 7～9m，花于 5—6 月开放，花期很长；果实于 12 月开始成熟，椭圆形或卵形，果顶长尖，成熟果外皮橙黄色、光滑，果肉橙黄色，带粉状组织，柔软而缺乏水分，极似煮熟卵黄，微带甘味，可食，味甜。

蛋黄果是一种稀有水果品种，具有生长快、投产早、产量高、适应性强、病虫害少、抗逆性强、易种植、供果期长、果实耐储藏（如在 10℃以下低温冷藏可以保存 30d）等特点，且果实成熟期集中在 12 月至翌年 3 月，此时正值水果淡季，商品价格好，尤其是其独特的风味，对水果市场有着良好的调节和促进作用。目前蛋黄果每千克的市场价格在 20～55 元，是一种极富市场前景的果树种植品种。

一、品种

蛋黄果按果实形状可分为圆果形（或卵圆形）、桃果形和纺锤形 3 个类型。

二、种植条件

蛋黄果喜温暖多湿气候，对环境有较好的适应性，能耐短期高温及寒冷，40℃或 1～2℃短时间植株不致受害；要求日照充足；对环境有较好的适应性，抗旱、抗涝、抗寒、抗病虫害能力强；对土壤适应性强，但以沙壤土生长为好。

三、繁殖方法

可采用种子和圈枝繁殖，以播种繁殖为主。

（1）种子繁殖　一般在 3—4 月进行。苗床要遮荫保湿，苗床位置以背北向南、阳光充足及风寒害小的地方为宜。选择成熟饱满的种子，洗净后沙藏催芽10～15d，当种子“露白”后点播于畦面，然后覆盖细土1cm厚并浇水，最后用稻草、树叶或遮阳网遮阴。

（2）圈枝繁殖　在4～5月进行。在蛋黄果树上选取粗约2cm的枝条，环剥2～3cm宽后晾晒7d左右，然后用加有少量草木灰和“广增素802”1000倍液（或选用50mg/kg的吲哚乙酸、吲哚丁酸和萘乙酸溶液）的干净细土包裹环剥处，再用塑料薄膜包扎密封。一般40～60d后可萌发淡黄色新根，直至第3次长出的根老熟后将枝条锯下假植。

四、栽培管理

1. 选地与定植

选择土层深厚、水源充足、有机质含量丰富的沙质土或壤土种植。苗高30～40cm时即可定植。苗木以带土定植为好。定植前，挖直径和深度均为50cm的定植穴，施入有机肥50kg作基肥。肥料与泥土拌匀后移入果苗，回土作墩，土墩应比地面高10～20cm。一般每667m^2种植40株左右。栽植时尽量不要伤根，深度以埋过根球2～3cm为宜。植后保持土壤湿润，但不能过湿，以防烂根。

2. 施肥管理

幼龄树每年施肥四次，每次抽梢前每株施氮肥和复合肥各30g左右，两次施肥时间间隔1个月。

成年结果树每年重点施足促花肥、壮果肥和采果肥，施肥量根据树龄及结果量综合考虑，一般每次每株施尿素0.5～1.0kg、复合肥0.25kg。此外，每年春季每株施有机肥（牛粪）25～30kg、复合肥0.25kg，以改良土壤结构，培育健壮树势。

3. 保花保果

蛋黄果生产上应注意做好保花保果工作，一般于7月喷施0.5%尿素加25mg/kg赤霉素混合液进行保花，在10月喷施0.5%尿素加4mg/kg2.4～D混合液进行保果，效果显著。

五、病虫害防治

蛋黄果的病害发生较少，一般仅在花果上有煤烟病发生，在发病初期选用0.1∶1∶100的波尔多液或灭菌丹400倍喷雾防治，可抑制病害传播蔓延。

蛋黄果常见的虫害有金龟子、白蚁以及少量的介壳虫。金龟子主要在春梢至夏梢期间危害嫩叶、嫩梢，可用乐果1500倍液防治或利用成虫趋光性，在果园边缘用杀虫灯诱杀；白蚁主要危害老树根茎，可用48%乐斯本1000～

1500倍液喷杀；介壳虫则可用40%速朴杀100～500倍液喷杀。

六、采收

果实成熟后应及时采收，采后放入筐中再盖上纸，让其后熟6～10d至果皮和果肉均松软时即可食用。

第二十二节　黄金果

黄金果（*Solanum mammosum* L.）原名乳茄，又名五指茄、乳头茄、乳香茄、多头茄、牛头茄等，茄科茄属直立小灌木植物，原产于美洲，现我国广东、广西及云南三省均引种成功。果实的形状美丽，经久不变色、不干缩，金光灿灿，观果期达半年，果色鲜艳，是一种珍贵的观果植物，多栽培以供观赏，在切花和盆栽花卉上应用广泛。

一、品种

黄金果为小灌木，株高2m，茎部密生白毛，散生倒钩刺。叶互生，阔卵形，叶缘浅缺裂。花紫色。果实卵形，幼果淡绿色，成熟后橙色，果面有不规则乳状突起，新奇可爱。

菲律宾大果种：果重600g以上，风味较差，果肉硬，含糖量也较低。

新加坡中小果种：果重250～600g，产量较高，甜度也较高，口感较脆。

夏威夷长果种：果实扁长形，果尖微凸，果重约250～350g。虽较为耐寒，但包装运送较难。

二、种植条件

黄金果性喜温暖、湿润和阳光充足环境，生长适温为15～25℃，冬季温度不得低12℃，有一定的耐寒性，能耐3～4℃的低温。怕水涝和干旱，对土壤要求不严，耐寒耐热，也耐瘠薄，但以土层深厚、富含腐殖质的沙质壤土最好。

三、繁殖方法

黄金果可以采用播种和扦插繁殖，常采用扦插繁殖。

1. 播种繁殖

春季播种，发芽适温20～25℃，播后7～10d发芽。

2. 扦插繁殖

夏季用顶端嫩枝作插条，长12～15cm，插入沙床，15～20d可生根，30d移栽。

四、栽培管理

1. 施肥

黄金果喜肥，幼苗期每10～15d施1次稀薄的尿素溶液，云蕾期间应偏重施含磷钾的复合肥。要增施2～3次磷钾肥，以促进花蕾形成及果树坐果。

2. 浇水

黄金果喜湿润，忌干旱、积水。夏季每天浇水一两次，防过干落叶，影响生长；花期土壤过湿易落花，降低结果率，因此要适当控水；果实成熟期土壤要湿润，防果实干黄无光。若高温干燥，易出现只开花不结果的现象。

3. 温度管理

黄金果喜温暖，不耐寒，生长适温为20～30℃，5～10℃生长缓慢，5℃以下停止生长，0℃以下则受冻害。夏季可忍耐35℃左右的高温，但不宜持续时间过长。

4. 光照管理

黄金果喜阳光充足，忌长期遮阴，最适合在强光下生长。如果光照不足，植株会徒长，叶片黄化脱落。

5. 矮化、疏果

为使高大的植株充分矮化，可在其茎枝长至50cm高时摘去顶芽，使植株不再长高，让侧芽生长。待侧芽长至适当高度，用多效唑喷洒，抑制高度，并促其开花，直至果熟为止。

结果后，如植株果实过多，应立支架，以防折断倒伏。可在不影响观赏的前提下适当疏果，以保证果实硕大。

6. 盆栽

选用疏松、肥沃的沙质土为培养土。生长期多浇水，保持土壤湿润。幼苗每10～15d施1次稀薄的尿素溶液，云蕾期间应偏重施含磷钾的复合肥，以促进花蕾形成及果树坐果。当植株长至25～30cm时可适当摘心2～3次，促其多发侧枝，可多挂果。

五、病虫害防治

1. 主要病害及其防治

黄金果常发生叶斑病、炭疽病，可用10%抗菌剂401醋酸溶液1000倍液喷洒。

2. 主要虫害及其防治

（1）东方果蝇　黄金果最主要的虫害，为害相当严重，以甲基丁香油诱剂或芬杀松、芬化利乳剂1000倍液防治。此外，套袋栽培可减少农药的施用次数。套袋应在着果后3星期、果实直径3cm以上时套白色纸袋。

（2）粉介壳虫　一般较少发生，但发生时会诱发煤烟病，影响叶片的光合作用及污染果皮而降低果实的商品价值。防治方法为使用40%灭大松乳剂1000倍液喷雾，套袋亦有隔绝效果。

（3）蚜虫和粉虱　用2.5%的鱼藤精乳油1000倍液喷杀。

六、采收

果实自开始转黄至完全变黄需3～6周，最适采收期为果色由绿色转为浅黄，且近果梗处微软时。太早采收果皮口乳汁多，果肉有涩味；全果转黄时果肉则因过熟而褐化。故夏果约1/2～2/3转黄时即可采收，而冬果全转黄时才可采收。黄金果较耐储藏，在15℃下约有8d的货架期。

第二十三节　苹婆

苹婆（*Sterculia nobilis* Smith）又称“凤眼果”，梧桐科常绿乔木，原产于中国、印度、越南、印度尼西亚等地，在种植发展上具有生态适应性强、抗病虫害、繁殖和遗传改良材料丰富等多方面的优势，是生态、经济效益兼备的经济林木，同时还是南方特有的母本粮食，是极具开发潜力的干果树种，在中国广东以南常作为庭院树。

广东习俗中苹婆果实是七姐诞的祭品，若没有便会用假苹婆果实代替。由于苹婆年产量少，加上祭祀活动较少，故很少有大量种植的果园，只少量果园有零星种植。树冠浓密，叶常绿，树形美观，不易落叶，也是一种很好的行道树。

一、品种

苹婆属是被子植物门双子叶植物纲五桠果亚纲锦葵目梧桐科的一属，约有300种，分布于热带地区，我国约有23种，分布于西南部和南部，其中苹婆在广东常见栽培。

信宜苹婆：树体为乔木，高达10m。树皮褐色。叶纸质，阔矩圆形至矩圆状椭圆形，长8～25cm，宽5～15cm，先端渐尖或钝，基部钝，秃净；叶柄长2.5～5cm。

二、种植条件

苹婆性喜阳光，生长日照需充足，喜温暖湿润气候。因其根系发达，生长迅速，故对土壤要求不高。虽然苹婆在瘠薄的土壤和沙砾土中均能生长良好，但其生长以排水良好、土层深厚的沙质壤土最佳。生育适温为23～32℃。苹婆耐涝不耐旱，俗称“晴天芒果，落雨苹婆”。

三、繁殖方法

苹婆的繁殖方法主要有扦插繁殖、高压繁殖、根蘖繁殖和播种育苗法。

1. 扦插繁殖

苹婆的枝条生根容易，多用扦插繁殖，半木质化枝条、木质化枝条甚至老枝均可扦插成活。一般选用2～3年木质化枝条，插条剪成约15cm，春秋两季扦插于苗床。为了提高成活率，也可作生根激素处理，扦插入土约3cm。只要保持好空气及土壤的湿度，1个月左右即可发根。

2. 播种育苗

播种育苗也是苹婆常用的繁殖方法之一。当苹婆荚果成熟开裂时，及时取出种子，即采即播，避免种子暴晒脱水。沙床中沙子的湿度以手抓成团、指缝无水滴为宜。播种前沙床和种子可用甲基托布津或百菌清进行灭菌处理，用点播法播种。播种后要注意遮荫保湿，7d后可出芽，第二年春植株可达20～40cm，3—4月便可移栽。

四、栽培管理

1. 定植

以春季为宜，株行距以4m×5m为宜，667m^2植33株。挖穴大小为80cm×80cm×60cm（长×宽×深）。以有机质肥料为主，结合少量化肥，施下基肥，以促进苗株早生快发，早投产。

2. 田间管理

苹婆的栽培简单，特别是在定植成活成形以后，管理上较为粗放。根据苹婆树的生长习性，在其开花和幼果期，应勤浇水，保持土壤湿润；遇到干旱天气，需对整株树冠喷水，以助开花着果，增加结果数量。

苹婆树干萌生能力强，应适当地整形修剪，截去过高主枝杆的上部，促使侧枝萌发，使整个树型呈椭圆形，有利于结果和采果。采果后疏剪过密的密生枝、病枯枝、交叉枝、徒长枝和萌孽枝，使树冠内部通风透光。

五、病虫害防治

苹婆树的病虫害主要有炭疽病、根腐病和木虱等。应结合冬季施肥，做好园圃的卫生清洁工作，收集病落叶集中烧毁，可减少侵染来源。

1. 主要病害及其防治

炭疽病：苹婆在温暖多雨的年份多发炭疽病，造成叶枯易脱落。防治时首先应注意田园卫生，收集病落叶集中烧毁，减少侵染来源。发病重的植株，可在清理园圃的基础上全面喷施1%波尔多液或30%氧氯化铜悬浮剂600倍液，其次于抽梢展叶期或发病初期交替连续喷施4%多硫悬浮剂600倍液。

2. 主要虫害及其防治

苹婆木虱：以成、若虫群集刺吸苹婆叶片枝梢汁液为害，致叶片变黄、卷曲，花蕾发育不良，影响结果。害虫还可造成落花，影响坐果。苹婆木虱分泌出的大量白色絮状蜡粉和排泄出的黏质“蜜露”可诱发烟煤病，更加重危害。防治时首先结合清园，收集落地枝叶烧毁；低龄若虫期喷施20%速灭杀丁乳油3000倍液，或95%灭幼脲水剂1000倍液，或2%～5%溴氰菊酯乳油1500倍液，或25%扑虱灵可湿性粉剂1000～1500倍液，交替连喷3～4次，隔7～15d一次。

六、采收

苹婆7月下旬至8月上旬种子成熟，可采收，称“正造果”；采收后还会在8—10月再次开花，12月种子成熟，称“暂造果”。

第二十四节　神秘果

神秘果（*Synsepalum dulcificum*）又名变味果、梦幻果、奇迹果、西非山榄、蜜拉圣果，山榄科神秘果属热带常绿灌木，原产于西非、加纳和刚果等地。20世纪60年代引入我国海南、广东、广西、福建种植。神秘果是国宝级的珍贵植物，不管是在非洲各国还是我国，都受到保护，禁止出口。

一、品种

目前尚无神秘果品种的报道。

二、种植条件

因为神秘果是原产于热带雨林地区的植物，性喜高温多湿，所以生长期需充足的日照和水分，其最适生长温度为20～30℃，最低及最高危险温度分别为7℃和40℃。神秘果还有一定耐旱、耐寒能力，在冬季最低气温3～5℃时，会对幼枝和叶产生冷害，但不致死，8～10℃可安全过冬。栽植以排水良好、富含有机质、pH 4.5～5.8的酸性砂质土壤为好。

三、繁殖方法

可用播种、扦插和高压繁殖。

1. 播种繁殖

采摘新鲜成熟的果实，播前用沙子搓去果肉，去皮、洗净、消毒，不宜久藏。播种前备好苗床，基质用干净、疏松的培养土。散播或点播于苗床，播种时每平方米约300粒，覆盖细沙2cm，控温26～28℃，保持沙床潮湿，约15d发芽，发芽率可达100%以上。苗出土后每周喷施1次0.2%尿素或磷酸二氢钾。当苗高6～8cm、真叶长出4～5片后，移栽到苗圃继续管理。

2. 扦插繁殖

4—6月，剪取当年生半木质化或完全木质化、长15～20cm的枝条作为插穗，保留插条上部1/3的叶片，每个叶片剪去1/2，将插枝下端切口削成斧头形45°斜面，并用NAA5000倍液浸泡插条斜面3～5min，将其插于沙壤土的苗床中。苗床要保持适宜的80%以上相对湿度和75%遮阴条件，50～60d后即可生根。

3. 高压繁殖

4—7月，选择生长健壮的1～2年生成熟枝条进行压条处理，60～70d可生根。高压环剥口长度3～4cm，环剥上下刀口要整齐，深达木质部，去皮，并刮净形成层，在其环割处用配制好的生根粉（ABT2号）2000倍液均匀喷洒在栽培基质上，基质湿度以手捏成团不散为宜。

用棉花将配好的生根水在环剥口上擦一遍，把基质捏成拳头大小，用塑料薄膜把基质包缚在环剥口上，10d检查1次水分情况，发现变干时可用注射器注入清水。当新根长至黄褐色时，即可剪下高压枝条，用营养袋或花盆进行假植，保持一定的荫蔽度和湿度。

四、栽培管理

1. 定植

无性繁殖的树苗株行距宜采用1.5m×2.0m，种子繁殖的株行距是2m×3m。在定植前的一个月先挖好定植穴，充分晒穴，用腐熟的农家肥和过磷酸钙与腐殖土或表土充分拌匀回穴。定植时期宜选择在11月至次年2月或雨季来临前。定植时浇足定根水，保持土壤经常湿润，3~4年后便可开花结果。

2. 水分与土壤管理

经常浇水，保持土壤湿润，及时除草。

3. 施肥

幼年树采用薄肥勤施法，每10~15d施一次10%腐熟人粪尿+5%过磷酸钙，或用4%复合肥水浇灌。随着苗木生长，肥料逐渐改用干施方法，每次每株施复合肥10~15g，深施覆土。平时每隔1~2个月每株增施有机肥10~25kg。随着苗木生长逐渐增加施肥量。

4. 整形修剪

（1）生产整形　小苗生长到15cm时，短截主干使其长出分枝。每株留3个小分枝，每个分枝留2个小分枝，控制植株徒长枝的生长，每个分枝生长到一定阶段后可进行回缩短截。平时剪除交叉枝、密生枝和病虫枝，使树冠内外通风透光，各级分枝分布均匀，形成自然开心形丰产树冠。

（2）盆栽整形　小苗生长到5~8cm时，短截主干使其长出分枝。留3~4个小分枝，每个分枝留2个小分枝，控制徒生枝的生长，每个分枝生长到一定阶段后可进行回缩短截。平时剪除交叉枝、密生枝和病虫枝，使树冠内外通风透光，形成圆头形或自然三角形树形。

五、病虫害防治

1. 主要病害及其防治

炭疽病：防治时，应加强栽培管理，及时修剪病虫枝叶、剪除病果，结合清园、烧毁病虫枝消灭侵染源。化学防治可选用50%多菌灵可湿性粉剂600~800倍液、70%甲基托布津800~1000倍液、大生M~451000倍液或瑞毒霉1500倍液等较安全的内吸杀菌剂。

2. 主要虫害及其防治

蚜虫：在防治中，保护利用天敌。药剂防治可选用10%吡虫啉可湿性粉剂2000倍液、40%乐果乳油800倍液和10%氯菊酯2000倍液进行喷雾。

六、采收

温室栽培的神秘果一年四季结果不断。它的花是白色的，花落后长出绿色果实，成熟后变红色，即可采收。果实并不大，长约2cm，直径约8mm。剥去红皮，露出白瓤，中间只有一颗大种子。

第二十五节　人心果

人心果（*Manilkar zapota*）又名吴凤柿、赤铁果、奇果，山榄科常绿乔木，热带水果，生长在墨西哥南部至中美洲、西印度群岛一带，因外形长得像人的心脏而得名；又因为它的果形有点像柿子，所以又称“吴凤柿”。我国人心果的种植主要分布在台湾、海南、福建、广东、广西等省份。

人心果树树姿婆娑可爱，果实累累，营养价值高。在南方小庭园中栽植，既可观赏又可食用；也可盆栽摆放于宾馆大堂、商厦大厅等大型场所，别具一格。

一、品种

我国台湾曾先后自美国加州、印度尼西亚爪哇、印度加尔各答等地引入当地选出的优良品种。目前栽培的主要品种系自爪哇引入的3个品种。

马尼拉：果实长圆形，纵径7.6cm，横径5.8cm，单果重150g，果肉淡黄褐色，含可溶性固形物23.0%，每100g果肉含果汁70g，味较甜。

阿伯尔：果实扁圆形，纵径6.2cm，横径7.5cm，单果重180g，果肉淡褐色，含可溶性固形物26.0%，每100g果肉含果汁76g，味甜。

比妥：果实长圆形，纵径7.5cm，横径5.7cm，单果重136g，果肉淡黄褐色，含可溶性固形物30.0%，每100g果肉含果汁65g，味甚甜。

二、种植条件

人心果喜高温和肥沃的沙质壤土，适应性较强，在11～31℃都可正常开花结果，幼果在－1℃受冻害，大树在－2～－3℃仍能安全过冬，在肥力较低的黏质土壤上也能正常生长发育。人心果要求水分充足。

三、繁殖方法

1. 高空压条

以1.2～2cm粗的向阳枝最适，3—4月进行。以“爱多收”1包＋复合肥0.25kg，兑水50kg，与泥土搅拌后揉成拳头大、不滴水或稍微滴水即可，包住圈枝，成活率最多可达30%。当发出两层根以上时即可锯离母树假植，继续培育。

2. 嫁接育苗

以4—5月最适。选取优良母树上1年生以上充实向阳的老熟枝条为接穗，以人心果小苗作砧木，于早晨取穗并剪去叶片，不可损伤芽眼。嫁接时嫁接部位如有流胶汁要立即擦净，接芽片与砧木应紧贴。露芽包扎保湿，接后喷杀虫剂、杀菌剂 1 ~ 2 次。15 ~ 30d 即可成活，解绑并剪砧，促进接穗萌发。

四、栽培管理

1. 定植

最适时间 4—5 月。挖长 × 宽 × 深为 60cm × 60cm × 60cm 的种植穴，施足有机肥，配以磷肥，株行距为 5m × 6m。植后浇足定根水，适当覆盖地膜，保持土壤湿润，避免土壤板结。

2. 施肥

幼年树的施肥以营养生长为主，每次抽梢前施速效肥，扩大树冠。结果树以施有机肥为主，采果后增施磷钾肥一次，春秋两季各追肥一次，提高果实品质。

3. 浇水

人心果周年常绿，年发梢次数多，开花结果次数多，可花果并存，生长量大，产量高，周年均需足量水分。干旱且高温的环境易使大量花朵脱落，因此要适时浇水，保持土壤湿润。

4. 光照

人心果较耐阴，但为了提高叶片光合效能，减少无效枝梢的生长，协调植株的生长与生殖，仍需保证足够的光照，保持合适的株行距，合理整形、修剪。

5. 修剪

幼树剪顶，促使侧枝生长。冬季结合清园，剪除病虫枝和枯枝。正常情况下，人心果疏果，如侧枝确实过多，可适当疏除，确保丰产稳产。

五、病虫害防治

主要病害及其防治

（1）叶斑病　在发病前期用甲基托布喷雾；3—9 月用性引诱剂及时捕杀小实蝇。

（2）炭疽病　可用 70% 甲基托布津；冬季清园时烧毁病枝病叶，可减少病害发生。

六、采收

人心果主要成熟期在 6 月中旬至 7 月初，应及时采收，确保其产量和品质。果实采收后经后熟 3 ~ 7d 即可食用。果实成熟最明显的特征是：采下的果蒂不流汁，用手轻按果实微软。

第二十六节　蛇皮果

蛇皮果（*Salacca edulis* Reinw）又称沙叻，棕榈科蛇皮果属植物，分布于印度尼西亚及我国华南、川渝等地区。蛇皮果非常美味，口味清甜爽口。它是水果中钾含量最高的品种之一，果胶含量也很丰富，对人脑十分有益，有“记忆之果”的美誉。

一、品种

全球约有 14 个品种，分布于印度、中南半岛至马来群岛等亚洲热带地区。我国引种的蛇皮果主要为印度尼西亚的蛇皮果，引进种植已有 50 多年的历史。目前，我国的蛇皮果存在种质资源少和消费市场不明等问题，还未能实现产业化。

二、种植条件

蛇皮果喜热带湿润气候，高温高湿是其生长发育的重要条件。生长最适宜条件为年均气温高于 22℃，最冷月平均气温 18℃以上，相对湿度在 85%以上。

三、繁殖方法

蛇皮果的育苗方法有萌蘖条育苗和种子育苗两种。

1. 萌蘖条育苗

萌蘖条育苗即在母株萌发的多条萌蘖条中选择粗壮的萌蘖条，从顶部往下套进塑料容器，装上土壤或稻糠，经过 2 个月后待萌蘖条长出更多的根时将其切离，并移植到竹编容器内继续培育。移植时将萌蘖条的叶片剪掉一半，用尼龙绳或竹篾条捆紧，放入竹编容器后浇上稀泥，置于遮阳网下继续培育。

2. 种子育苗

种子育苗既可将种子播种到沙床上，待其出芽后移植到聚乙烯容器内；也可将种子直接点播在聚乙烯容器内，通过常规育苗方法育出苗木。种子育苗由于不能确定育出苗木的性别，多用于像“Bali”这种雌雄同株的蛇皮果品种。

四、栽培管理

1. 定植

种植穴的规格一般为50cm×50cm×50cm（长×宽×深），按常规施足有机肥。株行距有多种，但多为1.5m×1.5m。

2. 肥料管理

一般每年施肥两次，每次每株1～2kg，分别在旱季和雨季施入。肥料采用含大量元素的复合肥，如氮∶磷∶钾比例为1∶1∶1的复合肥。

3. 叶数控制

蛇皮果的叶数需要适当控制，一般控制在每株7～8片，不论叶片是否枯死都可以将其剪掉，但应保留果实下方的那片叶用于支撑果实。

4. 雌雄株比例

蛇皮果雌雄株的比例一般为50∶1，即每50株雌株配1株雄株，雄株每个花序有4～5个分枝花序，每个分枝花序用于10株左右的雌株授粉。也有雌雄比例为20∶1的，即每20株雌株配1株雄株。

5. 人工辅助授粉

蛇皮果需要人工辅助授粉。每个花序人工辅助授粉进行2次，相隔3～4d。即将雄株花序采下，在每个开放的雌花序上轻敲雄花序，使其花粉撒落在雌花上。

五、病虫害防治

蛇皮果病虫害较少，比较严重的虫害是一种甲虫，主要以根部为食，可导致植株死亡。可以采用根部浇灌杀虫剂的方法进行防治。

六、采收

果实采收采用择采法，即根据果实成熟程度不定期进行采收。采收时首先辨认并标记成熟的果串，其次将选中的果串切下并集中在一起，最后人工去掉果串上残留的苞片，用毛刷刷去果实上的灰尘和鳞片上的绢毛，同时根据果实大小和外观分为A、B、C三级，其中A级占60%，B和C级合占40%。A级果实最大，一般单果质量120g，B级单果质量101～120g，C级单果质量81～100g。果实可以果串形态出售，也可将果串拆散后将散果堆放在一起。以果串形态存在的果实具有较长的货架期，可以存放2周；以散果存在的果实货架期较短，只可存放1周。

第二十七节　菠萝蜜

菠萝蜜（*Artocarpus heterophyllus* Lam）原名波罗蜜，别名苞萝、木菠萝、树菠萝、大树菠萝、蜜冬瓜、牛肚子果，桑科波罗蜜属常绿乔木。果实清甜可口，香味浓郁，故被誉为“热带水果皇后”，在我国福建、台湾、广东、广西、海南等地均有种植。

菠萝蜜树形整齐，冠大荫浓，果奇特，是优美的庭荫树和行道树。

一、品种

菠萝蜜分为湿包和干包两大类。

湿包菠萝蜜：果实成熟时皮软，手压易陷下，用手就可以剖开；包与中轴容易分离；成熟时，香味浓，皮软。在树上过熟时，常常整个果实自行脱离中轴坠地。包肉与种子不易分离，种子含淀粉较高，熟食味香。

干包菠萝蜜：果实成熟时，果皮较硬，皮黄绿或黄褐色，手压不易陷下，有弹性，必须用刀剖开才能取吃；包与果实中轴不易分离；包肉与种子容易分开；包肉水分少，质地硬而爽脆；比湿包种耐储运。

目前我国种植的菠萝蜜多为从马来西亚引种的马来西亚 1 号和马来西亚 6 号。此外，还有马来西亚“香甜菠萝蜜”“泰国菠萝蜜”等品种。

二、种植条件

菠萝蜜对土壤适应性强，但种植以选择表土深厚的砂质土壤最佳。喜光，日照宜充足。性喜高温高湿，不耐寒冷，要求种植地的年平均气温≥21℃，最冷月平均气温≥13℃，绝对最低温度≥0℃。

三、繁殖方法

菠萝蜜主要为嫁接繁殖。

1. 嫁接时间

嫁接在每年 4—10 月都可以进行。

2. 选择接穗

选择种植在向阳处的马来西亚 1 号树种。要求母树为 3 ~5 龄的结果树，并且长势旺盛、枝梢茁壮、芽眼饱满、没有病虫害。用修枝剪采集接穗，每个接穗以 3 ~4 个芽眼为标准。

3. 接穗修剪

接穗要从嫩枝处剪断，接穗长 15 ~ 20cm。一般每个接穗留有 2 ~ 4 个芽眼都可以。修剪完之后，立即用湿布将修好的接穗包好，以达到在嫁接之前保湿的目的。

四、栽培管理

1. 定植

菠萝蜜一年四季均可定植，但以春植（3—4 月）和秋植（9—11 月）最佳。株行距（5 ~ 6）m ×（6 ~ 7）m。挖 80cm × 80cm × 80cm（长 × 宽 × 深）定植穴，穴底放杂草，枝叶和石灰 0.5kg 混合，再回填 1 层表土，放塘泥、禽畜粪 30kg 和磷肥 0.5kg。栽植时应将定植穴内的泥土整细，将苗木根系理直理顺，然后分层压入细泥土，以根颈平地面为宜。定植后立即浇足定根水，并用地膜覆盖树盘。

2. 合理施肥

（1）幼年树施肥　幼龄树根系分布较浅且窄，宜勤施薄施，以水肥的方式淋施为佳。一般以一梢二肥较合理，即促梢肥和壮梢肥。在枝梢萌芽前至有少量枝梢萌芽之间，第 1 年每次株施促梢肥尿素 20g。在大部分嫩梢轴长 6cm 至梢基部的新叶由淡绿变深绿之间，施用复合肥和钾肥壮梢。第 1 年每次株施复合肥 20g + 硫酸钾 15g，以后逐年增加。

（2）结果树施肥　结果树一般每年施肥 3 次，包括促花肥、壮果肥和采后肥。

促花肥：在抽花穗前施用促花肥，以复合肥为主。每株施复合肥 1kg、硫酸钾 0.5kg 和粪水 5kg。

壮果肥：于幼果期施用，以氮钾肥为主，目的在于促进果实迅速膨大。每株施有机肥 5kg、尿素 0.5kg、复合肥 0.5kg 和硫酸钾 0.5kg。

采后肥：于每年 10 月份配合更新修剪进行。应重施有机肥，以促进不定芽萌发，为更新树冠积蓄营养。可株施鸡粪 15kg、尿素 0.5kg、复合肥 1kg 和过磷酸钙 0.5kg。

3. 整形修剪

菠萝蜜结果部位在树干、主枝和小干枝上，因此在生产上应控制树冠高度，培养良好的圆头形树冠。幼年树以培养树冠为主，配合整形。当主干高度达到 1m 时，短截主干，促发分枝，对交叉枝、密发枝和重叠枝做必要的剪除，一般培养一级分枝 3 ~ 4 枝，树冠高度 3.5m，以形成合理的树体结构。结果树修剪以冬季修剪为主，主要是剪除枯技、弱枝、过密枝、残留的结果枝和雄花枝。为控制好树冠，对个别大枝、徒长枝也要适当短截，保持树枝均匀分布。

4. 促花

菠萝蜜如果营养生长过旺影响其开花结果，可在树干、主枝上进行环剥或环割，使养分更多积累于地上部枝干上，促进抽发结果枝开花结果；或在树干主枝上每隔 30cm 进行刻伤，也可以达到促进开花结果的效果。

5. 疏果保果

在结果初期进行疏果，每平方米树冠保留 3 ~ 5 个果实为宜，且分布均匀合理。疏果原则是去掉过密果及畸形果。

在幼果期，每隔 15d 喷施 1 次杀虫剂 + 杀菌剂 + 叶面肥；在果实基本定型时，每隔 30d 喷施 1 次杀虫剂 + 杀菌剂，以防病虫危害及促进果实膨大。

五、病虫害防治

菠萝蜜病害主要有叶斑病、煤烟病、花果软腐病等，可用 1000 倍多菌灵或 1500 倍百菌清进行防治。虫害以天牛、甲虫危害普遍且严重，危害枝干，造成流胶、枝枯、树衰弱、树干空洞甚至腐烂死亡。可捕杀成虫，刮除虫卵，或用毒死蜱 600 倍液涂树干、针灌虫洞。

六、采收

菠萝蜜果实的成熟期因环境条件不同而有先后：气温高，花期早，成熟较早；气温低，花期迟，成熟较迟。由于同一植株花期较长，成熟有先后，故要分期采收，以保证品质，增加产量，也利于树势恢复。当果皮六角形瘤状凸起圆突、外形丰满、手触果皮稍软、能嗅到芳香味时，即可采收。采下后熟 2 ~ 3d 即可食用。

第二十八节 龙眼

龙眼（*Dimocarpus longan* Lour）又称桂圆、益智，为无患子科龙眼属植物，果供生食或加工成干制品，肉、核、皮及根均可作药用。龙眼原产于中国南部及西南部，现主要分布于我国广西、广东、福建和台湾等地，世界上有多个国家和地区有栽培。龙眼对人体有滋阴补肾、补中益气、润肺、开胃益脾的作用，可作为治疗病后虚弱、贫血萎黄、神经衰弱、产后血亏等，是著名的食药兼用的热带特色水果。

一、品种

中国龙眼品种资源丰富，据不完全统计，全国约有300个品种（品系）。《中国果树志·龙眼卷》编委会（1996）汇编了龙眼主栽品种、稀有品种和一般品种共128个。中国龙眼的主要栽培品种有石硖、楚良、大乌圆、广眼、福眼、乌龙岭、油潭亩、粉壳、红核仔、草铺种、红壳等，其中种植面积最大的是石硖。

石硖：中国传统优质品种，产品品质上乘，风味浓郁，肉脆核小。单果重8～10g，果肉白色，肉质爽脆，清甜化渣，有清香味，全糖含量13%，可食率高；亦可制干，焙干率高。

储良：果穗中等，单果重12～20g，最大28g，肉质爽脆，味浓甜，品质上等，是鲜食、加工兼优品种。1990年广东省名优龙眼品比第一名，1993年获第一届中国农业博览会金质奖，1995年获第二届中国农业博览会金奖，1997年获第三届中国农业博览会名牌产品，1999年获中国国际农业博览会名牌产品，2001年获中国国际农业博览会名牌产品。2004年获国家原产地标记注册认证。

灵山灵龙：灵龙是广西灵山县于1993年选出的优良单株，其果粒大，黄褐色，不裂果，平均单果重12.5～15g，最重达20.85g，清甜常蜜。该品种早结、丰产、稳产，果大质优。2003年获广西优质产品称号。

古山二号：原产广东省揭阳市揭东县，具有优质、早结、早熟、丰产、稳产等优点。1986年参加广东省优稀水果品评会，荣获同类水果评比第一名，1995年荣获第二届中国农业博览金奖，2000年3月经广东省品种审定委员会审定为一个新品种。

古山二号：树势强壮，平均单果重10～12g，肉质爽脆，味清甜，含糖17.4%，鲜食有独特香味，品质上乘，为鲜食极优品种。

立冬本：系福建省农业科学院果树研究所培育，是目前国内最晚熟的龙眼品种。该品种丰产、稳产性能好。果实大小均匀整齐，平均单果重12.7～14.3g。果实成熟期晚，抗病能力强，适应性广。

松风本：1999年通过福建省农作物品种审定委员会审定，是丰产、稳产、优质的晚熟新品种。果中大，平均单果重12.8～13.9g，果实9月下旬至10月上旬成熟，是较理想的晚熟鲜食品种。

东璧：为福建省著名的稀有优良品种，全省最优早熟鲜食品种，被誉为“鲜食龙眼之王”。单果重10.9g，成熟期在8月中旬至9月上旬，丰产、稳产性好。

大乌圆：原产广西容县。果树树势壮旺，果大，平均单果重15～20g，最大达31g，是我国果型最大的龙眼良种。其肉质爽脆，味甜稍淡，品质中等，适宜鲜食或加工成果干。

二、种植条件

1. 温度

龙眼性喜温暖不耐寒，要求年平均温度20～23.5℃，极端低温不超过－1.5℃。最适生长温度23～32℃，35℃以上则生长受抑制。当年12月至翌年1月相对低温（8～14℃）有利于龙眼花芽的生理分化，2月以后持续冷凉（8～16℃）有利于花芽的形态分化，但温度超过20℃易出现冲梢现象。开花期需较高的气温，以20～27℃开花最盛，太高（超过30℃）或太低（低于15℃）均不利于授粉受精。花期及幼果期低温阴雨易造成大量落花落果。

2. 光照

龙眼属于喜光果树，但枝干忌暴晒。光照条件好的情况有利于枝梢的健壮生长和花芽分化；在开花期，若天气晴朗，授粉受精状态良好，则坐果率高。在龙眼果实发育期，若阳光充足，则植株产量高、品质好。如果光照不足，会造成植株大量落果，果实品质差。如遇强光照射又逢干旱，则果实生长发育受阻，果实变硬，甚至会发生日灼，失去商品价值。微风的环境有利于龙眼的生长结果，减少病虫危害。

3. 水分

龙眼属于比较耐旱的树种，但对水分的要求比较严格，特别是在枝梢和果实生长发育期需要充足的水分，花芽分化期则需要适当的干旱。开花期要求土壤湿润，果实发育期缺水会引起落果。

4. 土壤

龙眼对土壤适应性强，各种类型的土壤都能生长，以土层深厚、肥沃、疏松透气、排水良好、pH 5.5～6.5的土壤种植生长良好。

三、繁殖方法

实生繁殖培育砧木苗，然后用于嫁接繁殖。

在7—8月龙眼成熟时，选取适应性强、粗生易长、病虫害少的母树采种。因种子容易丧失发芽力，所以采种后应立即播种。用点播或条播，按行距20cm开沟播种，每667m^2播种量50kg左右。播种后要保持土壤经常湿润。当幼苗高度超过25cm时，进行摘顶，促进主干增粗；随时剪除基部分枝，保持主干离地面10～17cm处仍光滑直立。经过1～2年培育的砧木苗可进行嫁接。

春季嫁接以4—6月为宜，秋季嫁接以9—10月较适宜。接穗应从经过鉴定的优良母树上选取。嫁接方法用芽片贴接法或舌接法。春、秋两季均可定植，多采用长方形或正方形栽植。定植行株距一般为4m×4m，每667m^2定植40株左右为宜。

四、栽培管理

幼年树的管理应注重扩穴改土、及时施肥、合理整形修剪，以形成良好的树形，培养强壮的骨干枝。成年树则着重增施肥料、培土、灌水和修剪。

1. 培育健壮花穗

促进花芽按时萌发生长。在正常年份，龙眼在每年1月下旬至2月初开始萌发花芽，这个时期是促进龙眼成花的关键时段。这时的管理措施是控制冬梢，使其不宜生长过度，遇旱灌水，轻施水肥和喷叶面肥。

2. 消除小叶对花穗形成的影响

在花穗生长发育期若出现小红叶，应及时人工摘除或用100～150mg/L乙烯利脱小叶。

3. 促进花穗生长发育

花穗生长发育期因遇旱或受冻等因素停止生长，需及时采用灌水、施肥等方法促进花穗生长发育。

4. 喷施“龙眼丰产素”

在花穗长至20～25cm现蕾时，喷一次“龙眼丰产素”，培养短壮花穗，提高雌花比。

5. 授粉受精

花期放蜂和人工辅助授粉；若花期遇旱，及时土壤灌水和叶面喷水保湿，以保证龙眼的正常授粉受精。

6. 施肥

（1）壮花肥　第一次在2月下旬至3月上旬花穗长至10～12cm时，每株施硫酸钾0.2kg和干饼肥的腐熟稀水肥0.2kg。第二次在纯花穗已分化完成、大部分花蕾已饱满、花穗再不会出现“冲梢”危险的开花期前施用（一般是每年的3月下旬至4月上旬），有机质肥料大部分在此期施下。每株施饼肥1.5kg或鸡粪5kg、硫酸钾0.4kg、钙镁磷肥0.5kg和尿素0.1kg。

（2）壮果肥　在每年5月中旬至6月上旬，第一次生理落果已结束、第二次生理落果开始前（即小果黄豆大小时）施肥。这次肥料视有无挂果、挂果多少而定。每株施复合肥1kg、硫酸钾0.3kg、尿素0.3kg和钙镁磷肥 0.25kg。

（3）根外追肥　每年 2 月上旬至 3 月上旬，这 40d 通常喷复合核苷酸加磷酸二氢钾，加硼。每年 5—6 月份，每 15 ~ 20d 喷一次叶面肥，用磷酸二氢钾加硫酸镁加硫酸锌，兑水喷雾。

7. 灌水

在果实发育期遇旱需要及时灌水保湿，确保果实正常发育。

8. 疏花疏果

一般在每年 3 月中旬花穗发育刚完成至开花前这段时间进行疏花，在每年 5 月下旬至 6 月初小果发育至黄豆大小时进行疏果。

（1）疏去病穗、弱穗和生长不良的花穗，保留生长健壮的花穗，减少无谓养分的消耗，提高坐果率。

（2）树冠顶部多疏，中下部少疏，以防止树冠顶部挂果过多而通顶，造成夏日直射树干，削弱树势。

（3）去外留内，去主留副，折上留下。即把树冠外围的花穗、果穗多疏一些，保留较多树冠内围的花果；同一基枝上有两穗或多穗时，疏去主花穗，留副花穗，或疏去上部较长的花穗，保留下部短壮穗。

（4）疏果应疏去坐果稀少的果穗，保留坐果多而紧凑的果穗，但如果单穗坐果过多则应适当疏去一些侧穗，适当减少单穗挂果量。

五、病虫害防治

1. 主要病害及其防治

龙眼鬼帚病：又名丛枝病、秃枝病、扫帚病、麻风病等。此病主要由龙眼鬼帚病毒引起，主要危害春梢及花穗，花穗、枝梢生长畸形，枝端叶片狭长或呈线状，不能开展，易脱落成秃枝。发病枝梢上的花穗不能结实，树势衰弱，产量逐年下降，常年减产 20% ~ 30%，严重时全无收成，终致全树死亡。防治方法主要是严格实行检疫，培育无病苗木，选用抗、耐病品种，结合修剪、疏花疏果等作业，剪除病枝、病穗，拔除病苗，集中烧毁，加强栽培管理，适时适量施肥，以增强树体，提高抗病力。

2. 主要虫害及其防治

全国已发现龙眼害虫约 110 种，其中以近年发现的龙眼亥麦蛾和龙眼角颊木虱等最为严重。

（1）亥麦蛾是近年发现的蛀食龙眼枝梢和花穗的新害虫。新梢木质部被蛀食后，破坏了导管组织，导致水分代谢失调，造成与龙眼鬼帚病相似的丛枝或鬼穗症状，嫩叶卷曲萎缩，花穗密集，花朵臃肿肥大，开花失常且多不结果，导致树势衰弱、产量降低。防治方法为注意检疫，严防害虫随接穗、种苗传入新区，及时剪除受害的枝梢和花穗，集中烧毁，以抑制虫害的蔓延；利用天敌：龙眼亥麦蛾有多种寄生蜂，尤其是黄长距茧蜂自然寄生率很高，要防止滥施农药，保护天敌；各次嫩梢抽芽期，施用25%杀虫双350倍液，或与杀灭菊酯或敌百虫混用；亦可用20%灭扫利乳剂1500倍杀虫护梢，兼治蒂蛀虫和荔枝蝽。

（2）角颊木虱　是一种龙眼的新害虫，目前仅见危害龙眼。成虫在嫩梢和花穗上吸食危害，还是龙眼鬼帚病的传播媒介。防治方法为运用各种农业措施，促使龙眼抽梢整齐；可选用40%乐果乳剂1000～2000倍液、80%敌敌畏乳剂、40%乐斯本乳剂或40%乙酰甲胺磷1000倍液、25%亚胺硫磷乳剂400倍液等，均有良好的防治效果。

六、采收

龙眼的果实以充分成熟时采收为宜，一般采收期因地区、用途、品种及气候而异，一般8月中旬至9月底可陆续采收。当果实的主色从青绿色转为褐色、果壳由厚而粗糙转为薄而平滑、果肉由坚硬变为柔软而富有弹性、果核变为主色黑、果肉生青味消失且出现浓甜香味时表示已成熟，应及时采收。

采摘时用竹制梯子及采果篓，在果穗基部3～6cm处折断，折断处的伤口要保持整齐，防止枝条撕裂而影响抽芽。

第二十九节　山竹

山竹（*Garcinia mangostana*）又名莽吉柿、山竺、山竹子，金丝桃科藤黄属常绿乔木，原产于东南亚，现主要分布于马来西亚、泰国等国，我国台湾、福建、广东和云南等地也有种植。山竹对环境要求非常苛刻，因此是名副其实的绿色水果，与榴莲齐名，号称“果中皇后”。

一、品种

山竹分为油竹、花竹和沙竹。油竹果身黑色；花竹果柄带红色，果面带红色黑色；沙竹则表面不光滑，果面呈淡黑色。

二、种植条件

山竹果树属于“超热带气候”植物，性喜高温，在4.4℃以下或37.8℃

以上的气温下无法生存。要求水分充足、空气潮湿，温室栽培要求其土壤含水量相当于年降雨量2000~2500mm。

山竹喜欢在排水条件好、有机物丰富、pH 5~6.5 的沙壤中生长。

三、繁殖方法

主要为种子繁殖。

1. 播种

选取新鲜果实，取其中饱满种子，剔除多余果肉，混细沙搓种，然后放入清水中搓洗几分钟，以除去多余果肉和种皮，然后放入500倍高锰酸钾中进行种子消毒。

选用粗河沙，做成高30~40cm、宽1.2m的长方形沙床，沙床上搭建遮光度为85%的遮阴网。

播种时，种子平铺在沙面上，按挤压实，种间保持3~5cm的间距。在其表面铺2~3cm厚的细沙，再淋一次透水。等水分稍干时，用80%敌百虫可溶性乳油剂800~1000倍稀液喷液一次，以杀灭蚂蚁及其他害虫。

2. 育苗

育苗期间保持沙床湿润，不宜过干或过湿。20d左右淋透水后可以进行幼苗移栽。

育苗床建立在交通运输方便、地势平坦、排灌条件良好的地方。育苗床一般长条形，深25cm，宽60cm，每一横苗床的间距为50cm，搭建遮光度为85%的遮阴网。用椰糠作为有机肥，与沙壤土按照1∶2的比例拌匀作为营养土，装入育苗袋中，在苗床中排列整齐。早上9点之前、下午4点以后将幼苗移植到育苗袋中，一袋一株，压实，淋足水分。

移栽后每天早晚各淋水一次，土面干了就淋水。10d后，叶片转为绿色后，薄施1%的尿素水溶液；夏季秋季每月两次，冬季春季每月一次；每667m^2用尿素1kg，施肥后及时淋水。

4个月后，加大养分供给量，淋施氮、磷、钾比例为15∶15∶15的三元复合肥，融化为浓度为1.5%的水肥，每月施用一次；每667m^2复合肥用量为2000g。平日注意除草。

四、栽培管理

1. 定植

播种后第4年，当树苗长至高80cm左右、茎粗1cm左右，并且长出一对分支时，就可以作为实生苗出土移栽。在春夏秋冬四季都可以进行移栽。

每 $667m^2$ 定植 33 株左右。开长 × 宽 × 深为 60cm × 60cm × 60cm 的大穴作为定植穴，用 15kg 农家肥、0. 5kg 三元肥，将其与土壤混合均匀，填入穴中。定植时再开 20cm × 20cm × 20cm 的小穴，剪去树苗上有损伤的叶片后，将其放入定植穴中，去掉营养袋，回填肥土，再做水盘。

在幼苗上搭建 90% 的遮阴棚，淋透定根水。定植后，每 2d 淋一次水，15d 后就能成活。

2. 管理

第 1 年，山竹幼树地面用 10 ~ 20cm 的干草覆盖，充足浇水，一般采用灌溉。旱季施 2 次 2% 的尿素水溶液，每 $667m^2$ 用量为 3kg。雨季初期在每棵树两侧开穴施加一次 10kg 有机肥，混合 0. 25kg 的三元肥，覆土。

第 2 ~ 3 年，水分管理跟第一年基本一样；需要经常除草；施肥方式基本一样，适当增加施肥量。尿素水溶液的用量为每 $667m^2$ 4kg。

第 4 ~ 6 年，旱季一般每 10 ~ 15d 灌溉一次。肥料仍以有机肥和三元肥为主。一年中于春、夏、秋季各施肥一次，年计每株施 20kg 左右。

开花前每棵加施花前肥，用沟施法施加三元肥 120g。花期每月灌溉 1 ~ 2 次。幼果期同样施加壮果肥，用量与花前肥一样。开花前 1 ~ 2 月需要控制水量，冬季不需要控水，其他时间适时灌溉。

五、病虫害防治

山竹极少有病虫害发生，有时山竹缘蝽会对山竹有危害，在防治中应注意保护与利用山竹缘蝽的天敌，黄足猎蝽和红缘猛猎蝽可对山竹缘蝽的幼虫进行捕食。药剂防治用 90% 敌百虫晶体 2000 倍液喷雾，效果良好。

六、采收

山竹的表皮开始转红表示其开始成熟，表皮从粉红转黑即可以采收。采收在清晨或傍晚较好，有利于保持果实的鲜度。

第三十节　面包树

面包树（*Artocarpus incise*（Thunb）L.）又名面包果、罗蜜树、马槟榔、面磅树，是桑科波罗蜜属常绿乔木，同时也是一种木本粮食植物，因果实风味类似面包而得名。原产于马来半岛以及波利尼西亚，如今因人类传播而广泛分布于热带地区。

一、品种

目前面包树只有一个品种。

二、种植条件

面包树为热带树种，阳性植物，生长快速。需强光，具有耐热、耐旱、耐湿、耐瘠、稍耐阴的特点。生育适温 23～32℃，低于 10℃时停止生长。

三、繁殖方法

面包树可用播种、压条、分蘖及根插法繁殖。

1. 播种繁殖

种子可随采随播，半个月左右发芽。播种法需 6～8 年结果。

2. 压条繁殖

采用高压法，可在 5—7 月选择 2～3 年生的健壮枝条环割或刻伤，然后用泥土包住伤口并用薄膜包裹，浇透水，约 3 个月后即可剪离母体定植。

3. 分蘖繁殖

将母树产生的分蘖苗挖出另栽，形成一个新的植株。根插一般不常采用。

四、栽培管理

栽植时在定植穴内施足基肥。在生长过程中会产生少量萌蘖，如不需要用萌蘖苗进行繁殖，应及早剪除，以防消耗养分。施肥可根据土壤的状况进行，一般每年 3～5 次，以复合肥及有机肥为主，掌握薄施勤施的原则。在春、夏、秋三季遇到干旱天气时，注意补充水分。面包树成株不耐移植，如需移植，应断根及重剪后再移，并喷水保湿，待新的枝叶长出后再正常养护。

五、病虫害防治

面包树极少有病虫害发生。

六、采收

果实的颜色转为褐色至黑色时即可采收。

参 考 文 献

[1] 胡建湘，郑玲丽．西双版纳引种栽培蛇皮果初报［J］．亚热带植物科学．2004，33（3）：48～50.

[2] 李莉．无公害果品生产技术手册［M］．北京：中国农业出版社，2003.

[3] 李荣生，尹光天，曾炳山等．印度尼西亚蛇皮果的开发利用．林业实用技术．2008，（6）：46～48.

[4] 李业民．南果北移—菲选1号菠萝的温室栽培［J］．北方果树，2001（1）：37.

[5] 刘春冬，郭萍萍．“胭脂红”番石榴栽培技术［J］．福建农业，2005（9）：23.

[6] 刘慧纯，蒋锦标，邢军．台湾青枣在北方日光温室的试栽表现［J］．辽宁农业职业技术学院学报，2003（1）：15～16.

[7] 刘永霞，刘永新．番木瓜北方温室栽培技术［J］．果树大观，2009（11）：26.

[8] 吕春茂，范海延，姜河等．火龙果日光温室引种观察及栽培技术［J］．北方园艺，2003（1）：19～20.

[9] 马洪英，王莅，郭锐等．北方日光温室火龙果引种与栽培［J］．中国果菜，2008（6）：18～19.

[10] 那颖，郭修武，蒋锦标．北方日光温室内枇杷果实生长发育规律初报［J］．北方园艺，2007（3）：93～94.

[11] 苏章城，陈淑，陈坚等．黑珍珠莲雾栽培技术［J］．中国南方果树，2006，35（3）：37～38.

[12] 王海波，王孝娣，王宝亮等．中国果树设施栽培的现状、问题及发展对策．农业工程技术（温室园艺），2009（22）：39～42.

[13] 徐锦涛．枇杷防冻丰产栽培技术试验［J］．浙江柑橘，2002，19（2）：35～36.

[14] 许永新，刘永霞，任华中等．南果北种关键技术百问百答［M］．北京：中国农业出版社，2010.

[15] 闫立江，荆亚玲．我国果品生产的现状、发展优势及对策［J］．台州农业，2004（5）：28～30.

[16] 张清华，郝树池，唐亚军等．北方温室香蕉栽培技术［J］．北方果树，2009（1）：29～30.

［17］张素丽，许永新，刘永霞．莲雾北方温室作品技术［J］．北京农业，2010（9）：21.

［18］张义勇，刘海顺．台湾青枣北方日光温室栽培存在的问题及解决对策［J］．承德职业学院学报，2007（2）：149－151.

［19］张玉星，马锋旺，郭修武．果树栽培学各论［M］．北京：中国农业出版社，2003.8.

［20］中国科学院植物研究所．新编拉汉英植物名称［M］．北京：航空工业出版社，1996.

［21］中国科学院植物研究所．中国高等植物图鉴［M］．北京：科学出版社，2002.

［22］中国科学院中国植物志编委会．中国植物志［M］．北京：科学出版社，1999.

火龙果

番木瓜

番石榴

番荔枝

香蕉

枇杷

莲雾

台湾青枣

百香果

柠檬

菠萝

杨桃

柑橘

柚子

橙子

芒果

佛手

红毛丹

鳄梨

黄皮

蛋黄果

黄金果

苹婆

神秘果

人心果

蛇皮果

菠萝蜜

龙眼

山竹

面包树